"十二五"职业教育国家规划教材

数据库应用基础
（SQL Server 2008）

余可春　杨海艳　主　编

刘　芬　张根海
杨延华　候柏林　副主编

冯理明　主　审

电子工业出版社
Publishing House of Electronics Industry
北京 · BEIJING

内 容 简 介

本书根据教育部颁发的《中等职业学校专业教学标准（试行）信息技术类（第一辑）》中的相关教学内容和要求编写。本书的编写从满足经济发展对高素质劳动者和技能型人才的需求出发，在课程结构、教学内容、教学方法等方面进行了新的探索与改革创新，以利于学生更好地掌握本课程的内容，利于学生理论知识的掌握和实际操作技能的提高。

本书通过 8 个项目，24 个任务系统介绍了数据库的基础知识、数据库系统安装与创建、数据访问及修改、设计窗体、备份与还原、安全管理、数据连接、SQL 查询语言、数据库程序设计等内容。

本书是计算机应用专业的核心课程教材，除可供中等职业学校计算机应用专业使用外，还可以作为数据库开发、维护人员的自学教材。

本书配有教学指南、电子教案和案例素材，详见前言。

图书在版编目（CIP）数据

数据库应用基础. SQL Server 2008 / 余可春，杨海艳主编. —北京：电子工业出版社，2017.8

ISBN 978-7-121-24931-0

Ⅰ. ①数… Ⅱ. ①余… ②杨… Ⅲ. ①关系数据库系统—中等专业学校—教材 Ⅳ. ①TP311.138

中国版本图书馆 CIP 数据核字（2014）第 275734 号

策划编辑：柴　灿
责任编辑：裴　杰
印　　刷：北京盛通商印快线网络科技有限公司
装　　订：北京盛通商印快线网络科技有限公司
出版发行：电子工业出版社
　　　　　北京市海淀区万寿路 173 信箱　邮编　100036
开　　本：787×1 092　1/16　印张：11.75　字数：300.8 千字
版　　次：2017 年 8 月第 1 版
印　　次：2022 年 9 月第 6 次印刷
定　　价：28.00 元

编审委员会名单

主 任 委 员:

武马群

副主任委员:

王 健　韩立凡　何文生

委　　　员:

丁文慧	丁爱萍	于志博	马广月	马之云	马永芳	马玥桓	王 帅	王 苒
王 彬	王晓姝	王家青	王皓轩	王新萍	方 伟	方松林	孔祥华	龙天才
龙凯明	卢华东	由相宁	史宪美	史晓云	冯理明	冯雪燕	毕建伟	朱文娟
朱海波	向 华	刘 凌	刘小华	刘天真	关 莹	江永春	许昭霞	孙宏仪
苏日太夫	杜 珺	杜宏志	杜秋磊	李 飞	李 娜	李华平	李宇鹏	杨 杰
杨 怡	杨春红	吴 伦	何 琳	佘运祥	邹贵财	沈大林	宋 微	张 平
张 侨	张 玲	张士忠	张文库	张东义	张兴华	张呈江	张建文	张凌杰
张媛媛	陆 沁	陈 玲	陈 颜	陈丁君	陈天翔	陈观诚	陈佳玉	陈泓吉
陈学平	陈道斌	范铭慧	罗 丹	周 鹤	周海峰	庞 震	赵艳莉	赵晨阳
赵增敏	郝俊华	胡 尹	钟 勤	段 欣	段 标	姜全生	钱 峰	徐 宁
徐 兵	高 强	高 静	郭 荔	郭立红	郭朝勇	涂铁军	黄 彦	黄汉军
黄洪杰	崔长华	崔建成	梁 姗	彭仲昆	葛艳玲	董新春	韩雪涛	韩新洲
曾平驿	曾祥民	温 晞	谢世森	赖福生	谭建伟	戴建耘	魏茂林	

序 | PROLOGUE

当今是一个信息技术主宰的时代，以计算机应用为核心的信息技术已经渗透到人类活动的各个领域，彻底改变着人类传统的生产、工作、学习、交往、生活和思维方式。与语言和数学等能力一样，信息技术应用能力也已成为人们必须掌握的、最为重要的基本能力。职业教育作为国民教育体系和人力资源开发的重要组成部分，信息技术应用能力和计算机相关专业领域专项应用能力的培养，始终是职业教育培养多样化人才，传承技术技能，促进就业创业的重要载体和主要内容。

信息技术的发展，特别是数字媒体、互联网、移动通信等技术的普及应用，使信息技术的应用形态和领域都发生了重大的变化。第一，计算机技术的使用扩展至前所未有的程度，桌面电脑和移动终端（智能手机、平板电脑等）的普及，网络和移动通信技术的发展，使信息的获取、呈现与处理无处不在，人类社会生产、生活的诸多领域已无法脱离信息技术的支持而独立进行；第二，信息媒体处理的数字化衍生出新的信息技术应用领域，如数字影像、计算机平面设计、计算机动漫游戏、虚拟现实等；第三，信息技术与其他业务的应用有机结合，如与商业、金融、交通、物流、加工制造、工业设计、广告传媒、影视娱乐等结合，形成了一些独立的生态体系，综合信息处理、数据分析、智能控制、媒体创意、网络传播等日益成为当前信息技术的主要应用领域，并诞生了云计算、物联网、大数据、3D 打印等指引未来信息技术应用的发展方向。

信息技术的不断推陈出新及应用领域的综合化和普及化，直接影响着技术、技能型人才的信息技术能力的培养定位，并引领着职业教育领域信息技术或计算机相关专业与课程改革、配套教材的建设，使之不断推陈出新、与时俱进。

2009 年，教育部颁布了《中等职业学校计算机应用基础大纲》，2014 年，教育部在 2010 年新修订的专业目录基础上，相继颁布了"计算机应用、数字媒体技术应用、计算机平面设计、计算机动漫与游戏制作、计算机网络技术、网站建设与管理、软件与信息服务、客户信息服务、计算机速录"等 9 个信息技术类相关专业的教学标准，确定了教学实施及核心课程内容的指导意见。本套教材就是以此为依据，结合当前最新的信息技术发展趋势和企业应用案例组织开发和编写的。

本套系列教材的主要特色

● **对计算机专业类相关课程的教学内容进行重新整合**

本套教材面向学生的基础应用能力，设定了系统操作、文档编辑、网络使用、数据分析、媒体处理、信息交互、外设与移动设备应用、系统维护维修、综合业务运用等内容；针对专业应用能力，根据专业和职业能力方向的不同，结合企业的具体应用业务规划了教材内容。

● **以岗位工作过程来确定学习任务和目标，综合提升学生的专业能力、过程能力和职位差异能力**

本套教材通过工作过程为导向的教学模式和模块化的知识能力整合结构，体现产业需求与专业设置、职业标准与课程内容、生产过程与教学过程、职业资格证书与学历证书、终身学习与职业教育的"五对接"。从学习目标到内容的设计上，本套教材不再仅仅是专业理论内容的复制，而是经由职业岗位实践——工作过程与岗位能力分析——技能知识学习应用内化的学习实训导引和案例。借助知识的重组与技能的强化，达到企业岗位情境和教学内容要求相贯通的课程融合目标。

● **以项目教学和任务案例实训作为主线**

本套教材通过项目教学，构建了工作业务的完整流程和岗位能力需求体系。项目的确定应遵循三个基本目标：核心能力的熟练程度，技术更新与延伸的再学习能力，不同业务情境应用的适应性。教材借助以校企合作为基础的实训任务，以应用能力为核心、以案例为线索，通过设立情境、任务解析、引导示范、基础练习、难点解析与知识延伸、能力提升训练和总结评价等环节引领学者在任务的完成过程中积累技能、学习知识，并迁移到不同业务情境的任务解决过程中，使学者在未来可以从容面对不同应用场景的工作岗位。

当前，全国职业教育领域都在深入贯彻全国工作会议精神，学习领会中央领导对职业教育的重要批示，全力加快推进现代职业教育。国务院出台的《加快发展现代职业教育的决定》明确提出要"形成适应发展需求、产教深度融合、中职高职衔接、职业教育与普通教育相互沟通，体现终身教育理念，具有中国特色、世界水平的现代职业教育体系"。现代职业教育体系的建立将带来人才培养模式、教育教学方式和办学体制机制的巨大变革，这无疑给职业院校信息技术应用人才培养提出了新的目标。计算机类相关专业的教学必须适应改革，始终把握技术发展和技术技能人才培养的最新动向，坚持产教融合、校企合作、工学结合、知行合一，为培养出更多适应产业升级转型和经济发展的高素质职业人才做出更大贡献！

前言 | PREFACE

日前，国务院印发的《关于加快发展现代职业教育的决定》提出，要牢固确立职业教育在国家人才培养体系中的重要位置，以服务发展为宗旨，以促进就业为导向，适应技术进步和生产方式变革以及社会公共服务的需要。中等职业教育是我国高中阶段教育的重要组成部分，担负着培养数以亿计的高素质劳动者和技术技能人才的重要任务。而现在的中职教育是以能力培养目标为主，以学生能掌握什么样的技能为考核目标，把学生培养成既懂知识，又有过硬的实践技能的应用型人才。在全国中职教育改革如火如荼进行的同时，"目标行动导向"教学法、"工作过程系统化"教学法等一些创新的教学方法如雨后春笋般涌现，人们已经越来深刻地感受到中职教育培养技能型人才的重要性。

中职学校数据库课程要求学生掌握设计数据库必备的理论知识和基本流程，培养学生获得与数据库设计相关的学习能力、操作能力，强化学生对数据后台的实践操作能力，增强学生的数据库开发设计能力、交流沟通能力。按照传统的"老师讲，学生听"的教学方式，学生在校期间虽然能完成老师布置的作业并且考试成绩也很优秀，但是在工作岗位上碰到实际问题时仍然无法独立解决。本书的特点就是打破了只讲授知识点的传统教育模式，采用项目引领、情景教学的模式，使学生置身于一个个的项目背景、情景任务中，从情景中掌握的技能，可以零距离地移植到实际的工作中去。以数据库设计真实的工作任务及工作过程为载体确定每一个模块的学习内容，教、学、做相结合，理论与实践一体化，合理设计理论、实践等教学环节。

本书最大的特点在于以一个实际的校园网数据库系统案例为背景，该案例项目来源于实际但经过编者的加工，使之更适合教学组织和内容安排。将一个大的校园网数据库系统按开发顺序分解成若干个具体的工作任务，逐步使用 SQL Server 2008 实现功能。课程内容的安排和组织按照"工作过程系统化"理论组合起来，构成一个逐层递进、渐次加深的设计过程。使学习者通过巧妙设计的若干个分解任务的学习到最后整合成完整的项目的学习设计过程，实现专业能力的全面培养。

需要指出的是，本书主要讲解数据库 SQL Server 2008 的使用。编写本书时，编者假设学生已经掌握了计算机的一些基本概念，对网页设计、程序设计有了初步的认识。读者应该了解 B/S、C/S 架构的基本概念等，编者建议此书在读者学完"网页设计""程序设计"等课程后使用。

本书由余可春、杨海艳主编，冯理明主审，刘芬、张根海、杨延华、侯柏林副主编。项目一中的任务一、任务二由刘芬编写；项目二中的任务一、任务二由张根海编写；项目二中的任务三、任务四由杨延华编写；项目三中的任务一由侯柏林编写；项目三中的任务二、任务三、项目四、项目五由杨海艳编写；项目六、项目七、项目八由余可春编写。

为了了解实际的设计案例，编者邀请了大学院校、企事业单位的教授和专家共同来构建本书的内容。正是这些业界专家的参与，才使本书距离编者预设的目标更近。

由于编者水平有限，加之时间仓促，书中难免存在遗漏、疏忽之处，恳请大家批评指正。

编　者

CONTENTS | 目录

项目一

数据库系统基础知识

　　本书的最终成果是设计开发出一套校园网管理数据库系统，校园网数据库管理系统的设计与开发遵循数据库设计的基本流程，即需求分析、概念结构设计、逻辑数据库设计、物理结构设计、数据库的实施和维护，最后通过 ASP.NET 编程语言实现该校园网数据库管理系统的编写。本项目的目的是清楚数据库系统开发的真正意义。

项目分析

本项目分为以下两个任务来完成。

任务一：了解整个工程的目的，全面认识本数据库系统。

任务二：清楚本系统的目的与意义，强化学习动机，规划好自己的职业生涯。

项目目标

【知识目标】

1. 了解数据库系统的基础知识；

2. 理解本书的项目工程；

3. 学会思考，学会学习，学会规划自己的职业。

【能力目标】

1. 具备理解数据库系统基础知识的能力；

2. 具备软件工程思想的能力；

3. 具备自我学习、自我规划的能力；

4．具备与数据库管理员等沟通的能力。

【情感目标】

1．培养良好的抗压能力；

2．培养沟通的能力并通过沟通获取关键信息；

3．培养团队的合作精神；

4．具备实现客户利益最大化的理念；

5．具备事物发展是渐进增长的认知。

任务一　了解校园网数据库系统

任务说明

本书的编写目的是把校园网信息管理系统的设计、开发与实现贯穿在每个任务之中，这里先了解数据库系统本身的功能与作用。

任务分析

根据任务说明，了解数据库系统的概念和作用，以及学习它的目的。

实施步骤  ▶▶▶▶▶▶▶ START

第 1 步：了解数据库基本概念，认识以下几个名词。

信息：信息（Information）是现实世界客观事物的存在方式或运动状态的反映，它具有被感知、存储、加工、传递和再生的属性。

数据：数据（Data）是对客观事物的符号表示，用于表示客观事物的未经加工的原始素材，如图形符号、数字和字母等。

数据库：数据库（DataBase，DB）是由文件管理系统发展起来的，是依照某种数据模型组织起来的数据集合。这种数据集合具有如下特点：尽可能不重复，以最优方式为某个特定组织的多种应用服务，其数据结构独立于使用它的应用程序，对数据的增、删、改和检索由统一软件进行管理及控制。

数据库管理系统：数据库管理系统（DataBase Management System，DBMS）是一种操纵和管理数据库的大型软件，用于建立、使用和维护数据库。它对数据库进行统一的管理和控制，以保证数据库的安全性和完整性。常用的数据库管理系统有 Oracle、Microsoft SQL Server、MySQL、Microsoft Access 等。

数据库系统：数据库系统（DataBase System，DBS）是存储介质、处理对象和管理系统的集合体，通常由软件、数据库和数据管理员组成。软件主要包括操作系统、各种数据语言、实用程序及数据库管理系统，数据库管理系统统一管理数据库中数据的插入、修改和检索。数据库管理员负责创建、监控和维护整个数据库，使数据能被任何有使用权限的人员有效使用。

第 2 步：认识 SQL Server 2008 数据库系统。

SQL 即为 Structured Query Language 的英文简写，即结构化查询语言。SQL Server 2008 是 Microsoft 公司 2008 年推出的一款新版本的数据库产品，是 SQL Server 2000、SQL Server 2005

的延续与发展，它在性能、可靠性、可用性和可编程性等方面都有了较大的改善。

第3步：了解数据流图。

数据流图（Data Flow Diagram，DFD）就是组织中信息运动的抽象，是信息逻辑系统模型的主要形式。

数据流图的组成：基本组成元素有以下4种。

（1）外部项（外部实体）：在数据流图中表示所描述系统的数据来源和去处的各种实体或工作环节。这些实体或环节向所开发的系统发出或接收信息。系统开发不能改变这些外部项本身的结构和固有属性。在数据流图中用矩形框表示外部项。

（2）加工（数据加工）：又称数据处理逻辑，描述系统对信息进行处理的逻辑功能。在数据流图上这种逻辑功能由一个或一个以上的输入数据流转换成一个或一个以上的输出数据流来表示。在数据流图中用椭圆表示加工。

（3）数据存储：逻辑意义上的数据存储环节，即系统信息处理功能需要的、不考虑存储物理介质和技术手段的数据存储环节。在数据流图中数据存储用一端开口的矩形表示。

（4）数据流：与所描述信息处理功能有关的各类信息的载体，是各加工环节进行处理和输出的数据集合。在数据流图中数据流用箭线（带箭头的线段）表示，箭头指向的地方表示数据流的输送处，箭尾连接处表示数据流的来源。

第4步：上网或去图书馆查阅数据库相关文献资料，以及校园网系统的开发流程和功用。

实操练习

1．上网查找数据库系统的相关资料。
2．写出当今流行的数据产品及其优缺点。
3．了解校园网系统的作用及功能，并形成文字报告。

任务二　了解数据库系统管理的工作机会

任务说明

每个人在学习一门技术之前，都想能够学以致用，最好能终身受益，数据库的初学者们首先要明确以下几个问题：数据库应用的市场前景怎样？如何才能快速地找到一份数据库方面的工作？学习数据库系统难不难？怎样才能很快地学好数据库日常知识？怎样才能得到大公司的工作机会？如何才能在工作岗位上游刃有余？

任务分析

根据任务说明，明确任务说明中的若干问题。

实施步骤  START

第1步：了解数据库应用的市场前景。

数据库管理系统经历了30多年的发展演变，已经取得了辉煌的成就，已发展成一门内容丰富的学科，形成了总量达数百亿美元的软件产业。根据某公司的调查，2000年国际数据库市场销售总额达 88 亿美元，比 1999 年增长 10%。根据 CCID 的报告，2000 年中国数据库管理系统市场销售总额达 24.8 亿元，比 1999 年增长了 41.7%，占软件市场总销售额的 10.8%。可见，数据库已经发展成为一个规模巨大、增长迅速的市场。目前，市场上具有代表性的数据库产品包括 Oracle 公司的 Oracle、IBM 公司的 DB2 以及微软的 SQL Server 等。在一定意义上，这些产品的特征反映了当前数据库产业界的最高水平和发展趋势。因此，分析这些主流产品的发展现状，是了解数据库技术发展的一个重要方面。

第 2 步：明确数据库系统

面对新的事物，只要勇敢走出第一步，就没有什么好怕的。世上无难事，只怕有心人，不管有没有计算机方面的基础知识，只要对它感兴趣，学会不是很难。就像学习驾驶，开始自然开不好车，学习数据库也是这样的，只要天天与它打交道，熟悉它，总会学好的。

第 3 步：明确数据库的工作岗位。

数据库工程师是一种职业，主要工作是设计并优化数据库物理建设方案；制定数据库备份和恢复策略及工作流程与规范；在项目实施中，承担数据库的实施工作；针对数据库应用系统运行中出现的问题，提出解决方案；对空间数据库进行分析、设计并合理开发，实现有效管理；监督数据库的备份和恢复策略的执行；为应用开发、系统知识等提供技术咨询服务。

第 4 步：学会应聘与面试。

数据库岗位招聘都需要几年经验，我们还有机会吗？

在网上看到许多数据库岗位有诸多要求，比如经常看到的数据库岗位要求如下：

1）精通数据库原理，维护数据库工作经验 3 年以上。

2）熟悉对数据库进行安装、迁移、日常维护、调优、检查等。

3）熟悉 Oracle、DB2、Sybase、SQL Server、MySQL 等多种数据库。

4）能编写 SQL 语句、各种函数、储存过程等。

5）了解 Linux、Unix、Windows 等多种操作系统。

6）计算机相关专业、毕业有两年的程序开发的经验。

7）有很好的团队合作精神，有编写一流文档的能力。

看到上面的这些苛刻要求，已经把大部分人吓退了。现在不但是数据库岗位要求有工作经验，很普通的文员工作岗位也要求有工作经验。其实每个人都有第一次接触工作的可能，不可能一开始就有了工作经验才找到相关工作的，所以这是个伪命题。

我们找到这样的一个故事，两个人在森林里面游玩，他们都脱下鞋坐下来休息。他们同时发现一头老虎正好在不远处盯上了他们。其中一个人忙着穿好鞋，另一个人不解地说："你现在穿鞋也来不及了。"那人回了一句："我跑的只要比你快就行了。"穿鞋的那位最后幸存了下来。

实际上找工作和上面的故事有异曲同工之妙，切记不必去满足所有的工作岗位要求，而是在所有的面试候选人当中，你比他们优秀一点点、大胆自信一点点就可以了。

实操练习

1．上网查找数据库工程师岗位的要求及平均薪资。

2．学习制作一份简历。

项目二

校园网管理系统数据库的设计

　　校园网管理系统的最终实现，需要前期的详细设计，本项目主要完成基础的数据系统开发工作。

本项目分成以下 4 个任务。

　　任务一：数据库系统的安装、启动与配置；此任务是后续工作的基础，通过学习安装与配置数据库系统的过程，能加深对数据库系统中 DBMS、DB、DBS、DBA 等概念的认识。

　　任务二：校园网系统的需求分析；此任务对系统的需求分析，是系统整个开发过程中的重中之重，只有明确了做什么，才能有计划有目标地做出什么。

　　任务三：校园网数据库系统的关系以及 E-R 图的绘制；该任务是数据库系统的概要设计，通过对实体的抽象，建立系统的基础数据模型，为后续的物理结构做基础。

　　任务四：校园网系统物理结构设计；是数据库系统物理结构的设计，是系统实施前的必要步骤。

【知识目标】

1．认识了解数据库系统知识；

2．掌握数据库 SQL Server 2008 的安装、启动与基本配置；

3．学会做信息系统需求的分析以及出分析报告；

4．理解数据库系统的 E-R 图绘制；

5．理解数据库系统的物理结构。

【能力目标】

1．具备安装与维护数据库系统的能力；

2．具备制作信息系统开发需求报告的能力；

3．具备绘制系统 E-R 图的能力；

4．具备设计数据库物理结构的能力。

【情感目标】

1．培养良好的适应压力的能力；

2．培养沟通的能力并通过沟通获取关键信息的能力；

3．培养团队的合作精神；

4．培养实现客户利益最大化的理念；

5．培养对事物发展是渐进增长的认知。

任务一　数据库系统的安装启动与配置

任务说明

本任务是以后工作的基础，主要是数据库系统的安装，数据库系统服务的启动，以及数据库的基本配置。

任务分析

Microsoft SQL Server 2008 R2 提供完整的企业级技术与工具，帮助用户以最低的成本获得最有价值的信息。用户可以充分享受高性能、高可用性、高安全性，使用更多的高效管理与开发工具，利用自服务的商业智能实现更为广泛深入的商业洞察。

它可为任何规模的应用提供完备的信息平台，是可管理的、熟悉的自服务商业智能（BI）工具，支持大规模数据中心与数据库，支持平滑建立与扩展应用到云端与 Microsoft 的应用平台紧密集成。

安装 SQL Server 2008 R2 之前，为了防止出现问题，了解 SQL Server 2008 R2 的系统安装需求是很有必要的。这些软硬件需求是因客户使用的操作系统而异的，与用户添加使用的特定软件组件也有关系。

不能在压缩卷或者只读卷上安装 SQL Server 2008 R2，这是一个一般性的需求。与此类似，新部署的 SQL Server R2 需要被安装在格式化为 NTFS 的磁盘上。FAT32 格式只有在升级更早版本的 SQL Server 时才支持。

SQL Server 2008 R2 还要求安装 Microsoft 公司的.NET Framework 3.5 SP1。如果没有安装，则安装程序会自动安装该组件，除非安装 SQL Server Express 的各种版本之一。如果安装 SQL Server Express，则必须手工安装.NET Framework。

有两个软件需求是所有 SQL Server 2008 R2 安装都必须具备的：微软 Windows Installer 4.5 或以上版本，IE 6.1 或以上版本。实际上 IE 是用于管理各种界面的，这些管理软件包括 SQL Server Management Studio、商业智能开发 Studio、报表设计器和报表服务。

 **实施步骤** ▶▷▷▷▷▷▷ **START**

下面以安装 SQL_08_R2_CHS（64 位）为例介绍安装数据库系统的步骤。

第 1 步：运行 SQL_08_R2_CHS 安装盘中的"setup.exe"，在弹出的对话框中选择"安装"选项卡，在安装页面的右侧选择"全新安装或向现有安装添加功能"，如图 2.1.1 所示。

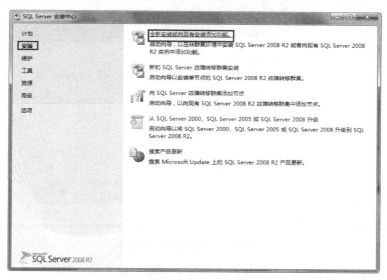

图 2.1.1 SQL Server 安装中心

弹出"安装程序支持规则"对话框，检测安装是否能顺利进行，通过则单击"确定"按钮，否则可单击"重新运行"按钮来检查，如图 2.1.2 所示。

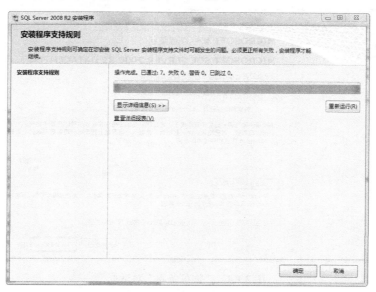

图 2.1.2 "安装程序支持规则"对话框

第 2 步：弹出"产品密钥"对话框，选中"输入产品密钥"单选按钮，并输入 SQL Server

2008 R2 安装光盘的产品密钥，单击"下一步"按钮，如图 2.1.3 所示。

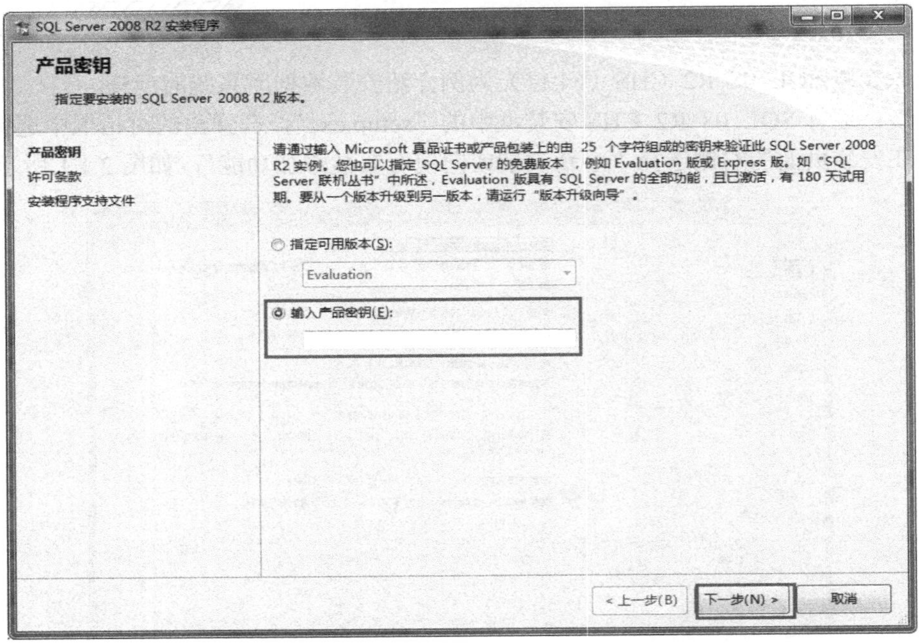

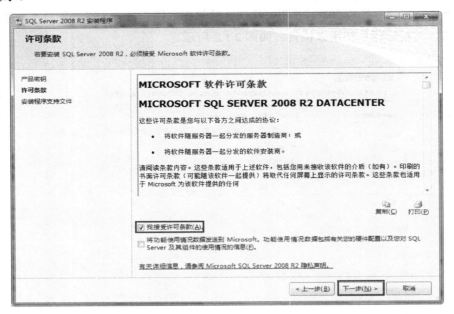

图 2.1.3　"产品密匙"对话框

弹出"许可条款"对话框，选中"我接受许可条款"复选框，并单击"下一步"按钮，如图 2.1.4 所示。

图 2.1.4　"许可条款"对话框

弹出"安装程序支持文件"对话框，单击"安装"按钮以安装程序支持文件，若要安装或更新 SQL Server 2008，则这些文件是必需的，如图 2.1.5 所示。

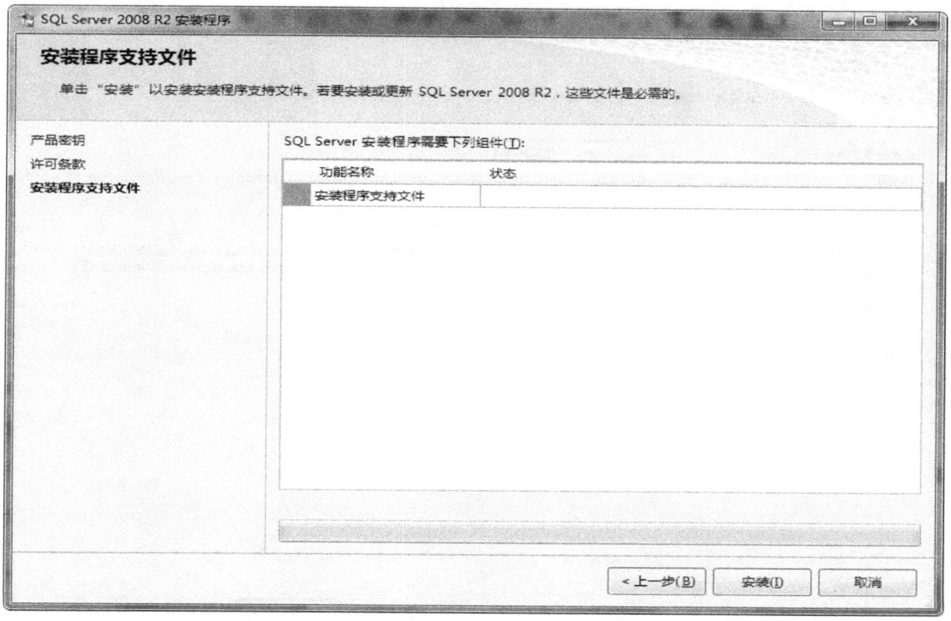

图 2.1.5 "安装程序支持文件"对话框

单击"下一步"按钮,弹出"安装程序支持规则"对话框,安装程序支持规则可确定在用户安装 SQL Server 安装程序文件时可能发生的问题。必须更正所有失败,安装才能继续。确认通过后单击"下一步"按钮,如图 2.1.6 所示。

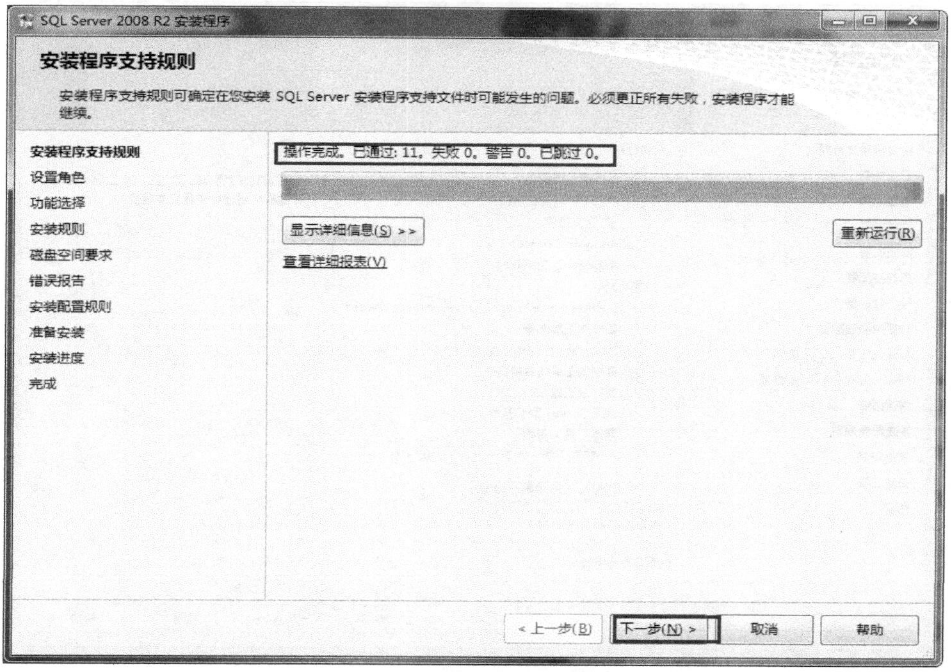

图 2.1.6 "安装程序支持规则"对话框

第 3 步:选中"SQL Server 功能安装"单选按钮,单击"下一步"按钮,如图 2.1.7 所示。

图 2.1.7 "设置角色"对话框

第 4 步：弹出"功能选择"对话框，选择要安装的数据中心功能并设置"共享功能目录"，单击"下一步"按钮，如图 2.1.8 所示。

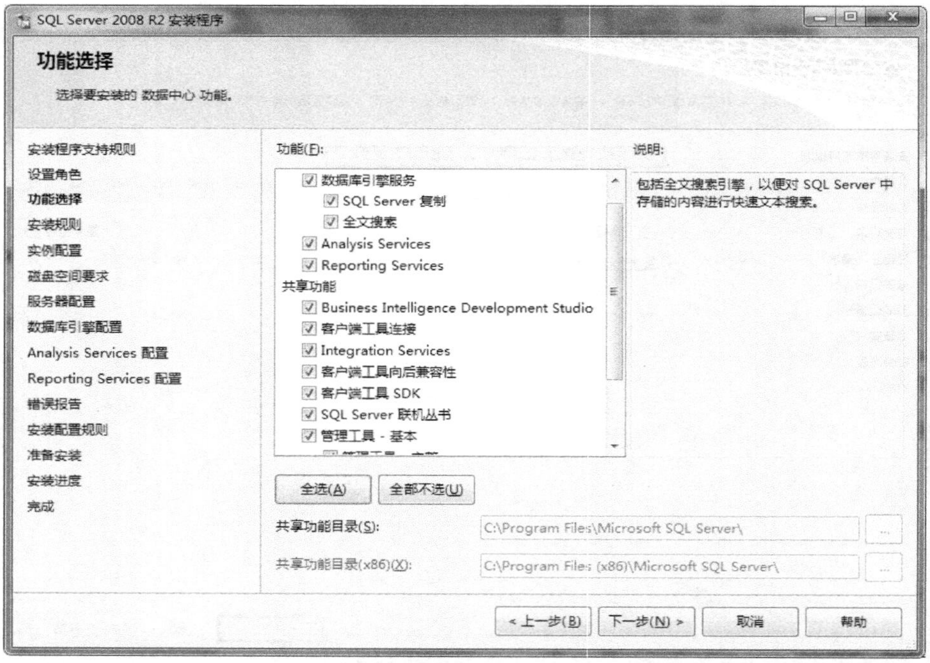

图 2.1.8 "功能选择"对话框

弹出"安装规则"对话框，安装程序正在运行规则以确定是否要阻止安装过程，其详细信息，可单击"帮助"按钮获得，如图 2.1.9 所示。

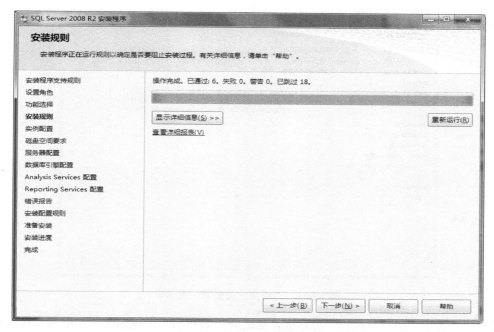

图 2.1.9　"安装规则"对话框

单击"下一步"按钮，弹出"实例配置"对话框，如图 2.1.10 所示。

第 5 步：指定 SQL Server 实例的名称和实例 ID。实例 ID 将成为安装路径的一部分。这里选择命名实例，如图 2.1.10 所示。

图 2.1.10　"实例配置"对话框

单击"下一步"按钮，弹出"磁盘空间要求"对话框，可以查看用户选择的 SQL Server 功能所需的磁盘空间摘要，如图 2.1.11 所示，单击"下一步"按钮。

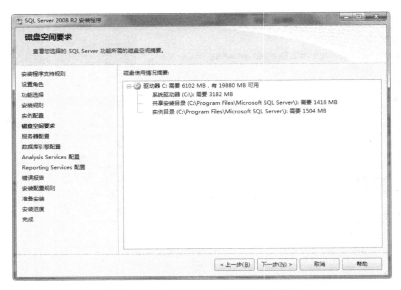

图 2.1.11　"磁盘空间要求"对话框

第 6 步：弹出"服务器配置"对话框，指定服务账户和排序规则配置，单击"对所有 SQL Server 服务使用相同的账户"按钮，如图 2.1.12 所示。

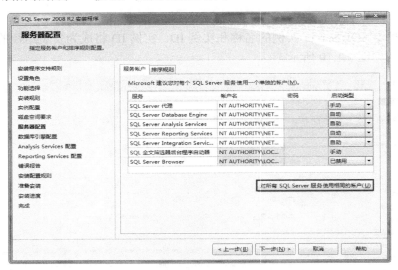

图 2.1.12　"服务器配置"对话框

第 7 步：弹出"对所有 SQL Server 2008 R2 服务使用相同账户"对话框，为所有 SQL Server 服务账户指定一个用户名和密码，如图 2.1.13 所示，单击"下一步"按钮。

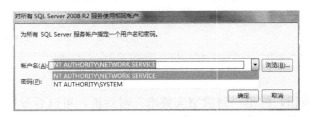

图 2.1.13　"对所有 SQL Server 2008 R2 服务使用相同账户"对话框

第8步：弹出"数据库引擎配置"对话框，选中"混合模式（SQL Server 身份验证和 Windows 身份验证）"单选按钮，输入用户名和密码，单击"添加当前用户"按钮，如图 2.1.14 所示。

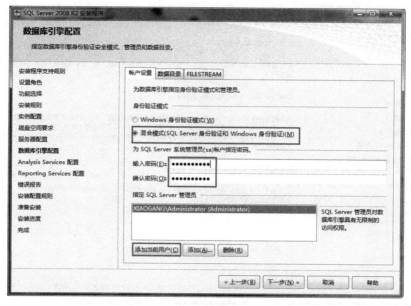

图 2.1.14　"数据库引擎配置"对话框

第9步：弹出"Analysis Services 配置"对话框，单击"添加当前用户"按钮，单击"下一步"按钮，如图 2.1.15 所示。弹出"Reporting Services 配置"对话框，如图 2.1.16 所示。单击"下一步"按钮，弹出"错误报告"对话框，如图 2.1.17 所示。单击"下一步"按钮，弹出"安装配置规则"对话框，如图 2.1.18 所示。单击"下一步"按钮，弹出"准备安装"对话框，单击"安装"按钮，如图 2.1.19 所示。弹出"安装进度"对话框，等待安装过程完成，如图 2.1.20 所示。

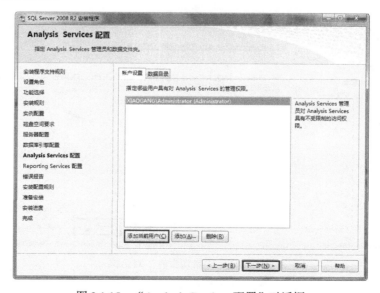

图 2.1.15　"Analysis Services 配置"对话框

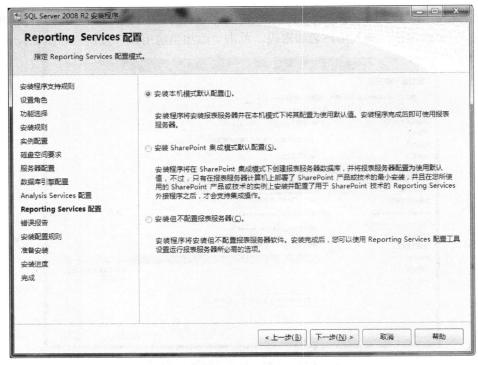

图 2.1.16　"Reporting Services 配置"对话框

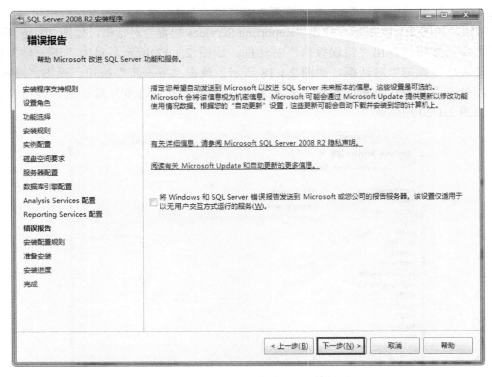

图 2.1.17　"错误报告"对话框

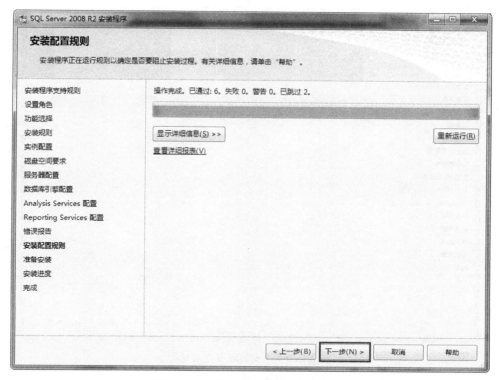

图 2.1.18 "安装配置规则"对话框

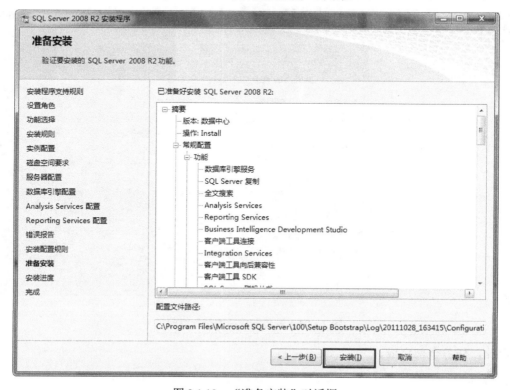

图 2.1.19 "准备安装"对话框

图 2.1.20　"安装进度"对话框

第 10 步：安装完成后的运行界面如图 2.1.21 所示。

图 2.1.21　安装完成后的运行界面

至此，任务全部完成。

实操练习

1. 在网上下载 SQL Server R2 中文版数据库系统。

2. 在自己的计算机上安装 SQL Server R2 中文版数据库系统。

3. 安装 SQL Server 2008 时，可供选择的两种身份验证模式是什么？

任务二 校园网系统需求分析

 任务说明

需求分析是整个数据库开发过程的第一个阶段，也是最重要的一步。需求分析阶段的主要任务如下。

（1）调查分析用户业务活动，搞清数据需求和数据处理的业务活动。

（2）收集用户活动所涉及的数据，搞清数据处理任务涉及的所有数据。

（3）确定系统处理的范围，搞清计算机处理问题的范畴。

（4）分析并形成系统数据，明确应用系统涉及的所有数据类型、宽带、约束条件，这是数据字典的重要内容。

概念设计阶段的任务是根据用户需求设计数据库的概念数据模型（简称概念模型），概念设计应在系统分析阶段进行。

逻辑设计阶段将概念模式（可用 E-R 图描述）转换成 DBMS 支持的数据模型（如关系模型），形成数据库的逻辑模式。

物理设计阶段根据 DBMS 的特点和处理的需求，选择存储结构，建立索引，形成数据库的内模式。

数据库的实施与维护阶段根据需要创建数据库、数据表、视图等数据对象，并在使用中对数据库进行维护。

本任务主要是分析校园网系统的需求，全面了解用户的需求，并转化成开发人员的专业术语，掌握管理信息系统的需求分析的方法。

任务分析

校园网管理系统最终设计的结果是根据用户的要求来完成的，任何信息系统的开发，都是建立在用户需求之上的，所以校园网数据库系统的开发首先要做的是系统的需求分析。

要完成系统需求分析首先要搞清楚 5 个 W：what，why，who，where，when。也就是说，要分析需要做什么，为什么要这样做，由谁来做，在什么地方做以及什么时候做。

要很好地完成需求分析的任务，需要找到系统的参与者，所谓的参与者是指所有存在于系统外部并与系统进行交互的人或其他系统，通俗地讲，参与者就是所要定义系统的使用者。寻找参与者从以下问题入手：系统开发完成之后，有哪些人要使用这个系统？

实施步骤 ▶▶▶▶▶▶▶ START

第 1 步：设计调查问卷。

校园网管理系统主要涉及的参与者是系统管理员、教师和学生，可以针对这 3 类人员分别设计 3 份调查问卷，格式可以自定，也可以参照图 2.2.1。

1．你的工作部门是什么？

2．你的主要工作任务是什么？

3．你的兼职任务是什么？

4．你的工作结果同前、后续工作如何联系？

5．……

×××先生/女士：

您好！请您抽空准备一下，我们将与×日与您会面

谢谢

校园网开发研究课题组

图 2.2.1　调查问卷示例

第 2 步：定义用例图。

经调研，校园网管理系统参与者包括系统管理员、教师和学生。系统管理员主要负责日常的学籍管理工作，如各种基本信息的录入、修改和删除等操作。教师使用该系统可完成教学班信息查询和成绩管理。学生使用该系统主要完成选课和成绩查询等操作。

确定需求如下。

① 系统管理员的功能：管理课程列表。

② 系统管理员的功能：管理教师列表。

③ 系统管理员的功能：管理学生列表。

④ 系统管理员的功能：查看所有选课情况。

⑤ 学生的功能：查看可选课程列表。

⑥ 学生的功能：学生选课。

⑦ 学生的功能：查看选课情况。

⑧ 学生的功能：查看课程成绩情况。

⑨ 教师的功能：查看选课的学生列表。

⑩ 教师的功能：管理选课学生的考试。

分析问题领域确定系统范围和系统边界：涉及系统管理员、教师、学生、课程和成绩，定义活动者：系统管理员、教师和学生。

第 3 步：绘制用例关系图，如图 2.2.2 所示。

用例（use case）表示参与者与系统的一次交互过程。用例关系图用来描述软件需求模型中的系统功能，通过一组用例可以描述软件系统能够给用户提供的功能。

图 2.2.2 的用例关系图是校园网管理信息系统的功能总体用例图。参与者包括学生、教师和管理员；主要功能包括信息查询、成绩查询、个人信息修改、登录、学生注册信息以及成绩录入等功能。

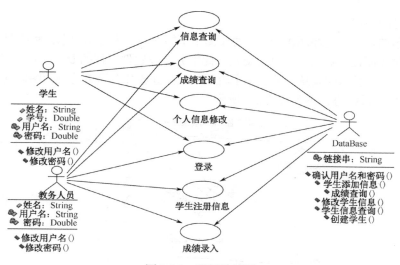

图 2.2.2　用例关系图

第 4 步：创建系统类图。

类图是系统设计核心的部分，类图用于对系统静态设计视图建模，类图不仅对结构模型的可视化、详述和文档化很重要，还对通过正向与逆向功能构造可执行的系统很重要。类图中的类是针对时序图和协作图中每种对象创建的。

在校园网系统模型的建模中，通过包图把模型组织联系起来，形成各种功能的各个子模块，结合总体用例分析得出总体功能包图，利用各个子用例分析得出各个子功能包图，通过包图来描述设计高阶的需求，反映系统的高层架构。

在完成以上业务和实现软件功能时所需要的数据分析就需要用到类图，由类图得出系统数据库的数据表以及表的详细数据字段。

本系统的类图如图 2.2.3 所示。

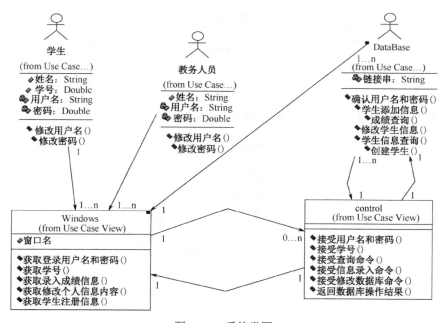

图 2.2.3　系统类图

第 5 步：创建协作图。

协作图显示的信息与时序图相同，但协作图用不同的方式来显示信息，两种图有不同的作用。协作图不参照时间而显示对象与角色的交互。此部分涉及软件工程的专业文件建设知识，与本书关系不大，但是考虑数据库系统开发的整个流程，故此处放几个简单的协助图以供读者参考。

（1）学生登录系统协作图如图 2.2.4 所示。

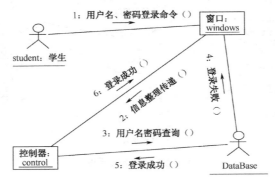

图 2.2.4　学生登录系统协作图

（2）教务人员登录系统协作图如图 2.2.5 所示。

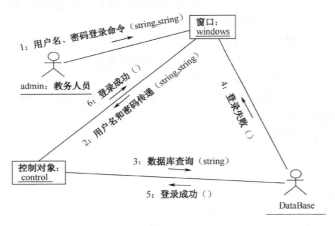

图 2.2.5

（3）教务人员查询学生信息协作图如图 2.2.6 所示。

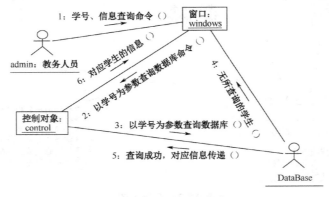

图 2.2.6　查询学生信息

至此任务全部完成。

实操练习

1. 查找资料，编写校园网管理系统数据库设计说明书。
2. 根据对校园网管理系统的分析，编写该系统的需求规格说明书。

任务三 校园网系统 E-R 图与系统关系模式设计

任务说明

E-R 模型直接从现实世界中抽取出实体间联系图，简称 E-R 图。

E-R 图由实体、属性和联系 3 种基本要素组成。实体是现实世界中存在的，可以相互区别的事物。在 E-R 图中，实体用矩形表示，属性用椭圆表示，联系用菱形表示，若无属性，则这些属性同样用椭圆表示，用无向边连接起来。

数据库规范化理论是进行数据库设计的理论基础，只有在数据库设计过程中按照规范化理论方法才能够设计出科学合理的数据库逻辑结构和物理结构，避免数据删除冲突和数据不一致等问题。结构数据库必须遵循一定的规则，在关系数据库中，这种规则就是范式。

第一范式（1NF）：表中的每个列属性只包含一个属性值。

第二范式（2NF）：在满足第一范式前提下，当表中的主键是由两个及以上的列复合而成时，表中的每个非主键列必须依赖表中的其他非主键（列的集合）的集体，不能只依赖于主键列（列的集合）的子集。

第三范式（3NF）：在满足第一和第二范式的前提下，表中的所有非主键列必须依赖表中的主键，而且表中的非主键列不能依赖表中的主键列。

本任务主要完成校园网系统的 E-R 图的绘制，充分理清数据库系统中各个实体之间的关系。

任务分析

根据需求分析阶段收集到的材料，首先利用分类、聚集和概括等方法抽象出实体。对列举出来的实体一一标注出其相应的属性；然后确定实体间的联系类型（一对一，一对多或多对多）；最后使用 ER_Designer 工具画出 E-R 图。

将 E-R 模型按规则转化为关系模式，再根据导出的关系模式根据功能要求增加关系、属性并规范化得到最终的关系模式。

实施步骤 ≫≫≫≫≫≫ START

第 1 步：确定实体。通过调查了解到校园网管理系统的实体有系部、班级、课程、学生和教师等。

第 2 步：确定实体属性，如学生的相关属性有学号、姓名、性别、出生日期等。

第 3 步：经过分析确定系统中各实体存在以下联系。

（1）系部和班级之间有联系"从属"，它是一对多的联系。

（2）班级和学生之间有联系"组织"，它是一对多的联系。

（3）系部和教师之间有联系"聘任"，它是一对一的联系。

（4）教师和课程之间有联系"授课"，它是多对多的联系。

（5）学生和课程之间有联系"选修"，它是多对多的联系。

第4步：设计局部E-R模型。

（1）使用ER_Designer工具绘制系部和教师的局部E-R图，如图2.3.1所示。

（2）使用ER_Designer工具绘制学生和课程的局部E-R图，如图2.3.2所示。

（3）使用ER_Designer工具绘制教师和课程的局部E-R图，如图2.3.3所示。

（4）使用ER_Designer工具绘制全局E-R图，如图2.3.4所示。

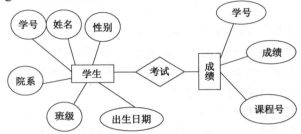

图2.3.1　系部和教师局部E-R图

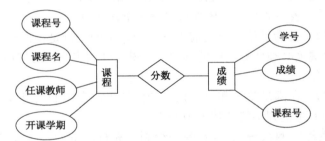

图2.3.2　学生和课程局部E-R图

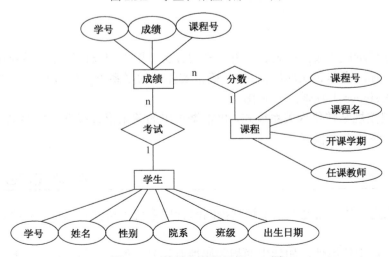

图2.3.3　教师和课程局部E-R图

实体的属性如下。

学生：学号，姓名，性别，出生日期，班级，系部。

课程：课程号，课程名，任课教师，开课学期。

成绩：学号，成绩，课程号。

关系模型信息如表 2.3.1 所示。

表 2.3.1　关系模型信息

数 据 性 质	关 系 名	属　　　性	说　　　明
实体	学生	学号，姓名，性别，出生日期，班级，系部	
实体	课程	课程号，课程名，任课教师，开课学期	
实体	成绩	学号，成绩，课程号	
1 : n 联系	查询	学号，课程名	
1 : n 联系	分数	课程号，课程名，成绩	

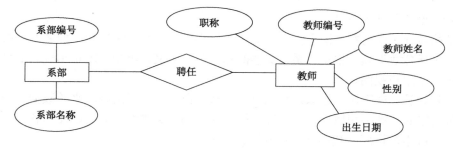

图 2.3.4　全局 E-R 图

第 5 步：设计校园网管理系统的关系模式。

（1）"教师"与"系部"之间存在一对多的关系，处理结果如下。

系部（系部编号，系部名称）

教师（教师编号，教师姓名，性别，出生日期，职称）

（2）"学生"与"课程"之间存在多对多的关系，处理结果如下。

学生（学号，姓名，性别，出生日期，入学成绩，班级编号）

课程（课程编号，课程名称，学分）

选修（学号，课程编号，成绩）

（3）"教师"与"课程"之间存在多对多的关系，处理结果如下。

教师（教师编号，教师姓名，性别，出生日期，职称）

课程（课程编号，课程名称，学分）

授课（教师编号，课程编号）

（4）对上述的处理结果进行综合，得到最终的关系数据模型如下。

系部（系部编号，系部名称）

教师（教师编号，教师姓名，性别，出生日期）

学生（学号，姓名，性别，出生日期，入学成绩，班级编号）

课程（课程编号，课程名称，学分）

选修（学号，课程编号，成绩）

授课（教师编号，课程编号）

班级（班级编号，班级名称，专业编号）

专业（专业编号，专业名称，系部编号）

 实操练习

1. 简述以下几个数据库的基本概念：DBMS、DB、DBS、DBA。
2. 简述绘制数据库系统 E-R 图的基本符号。
3. 思考如何将 E-R 图转换为关系模式？

任务四　校园网管理系统物理结构设计

任务说明

数据库的设计包括以下几点。

概念结构设计：说明本数据库将反映的现实世界中的实体、属性和它们之间的关系等原始数据形式，包括各数据项、记录、系、文卷的标识符、定义、类型、度量单位和值域，建立本数据库的每一个用户视图。

逻辑结构设计：说明把上述原始数据进行分解、合并后重新组织起来的数据库全局逻辑结构，包括所确定的关键字和属性、重新确定的记录结构和文本结构、所建立的各个文本之间的相互关系，形成本数据库的数据管理员视图。

物理结构设计：建立系统程序员视图，包括如下几项。

（1）数据在内存中的安排，包括对索引区、缓冲区的设计。

（2）所使用的外存设备及外存空间的组织，包括索引区、数据块的组织与划分。

（3）访问数据的方法。

任务分析

根据设计的关系模式，在计算机上使用特定的数据库管理系统（SQL Server 2008）实现数据库的建立，称为数据库的物理结构设计。

 实施步骤 ▶▶▶▶▶▶▶ START

第 1 步：设计 department（系部表），如表 2.4.1 所示。

表 2.4.1　department（系部表）

字　段　名	类　　型	约　　束	备　　注
deptno	char（2）	主键	系部编号
deptname	char（20）	非空	系部名称

第 2 步：设计 teacher（教师表），如表 2.4.2 所示。

表 2.4.2 teacher（教师表）

字 段 名	类 型	约 束	备 注
tno	char（4）	主键	教师编号
tname	char（10）	非空	教师姓名
tsex	char（2）	只取男、女	性别
tbirthday	datetime（8）		出生日期
ttitle	char（10）		职称

第 3 步：设计 student（学生表），如表 2.4.3 所示。

表 2.4.3 student（学生表）

字 段 名	类 型	约 束	备 注
sno	char（10）	主键	学号
sname	char（10）	非空	姓名
ssex	char（2）	只取男、女	性别
sbirthday	datetime（8）		出生日期
sscore	numeric（18.0）		入学成绩
classno	char（8）	与班级表中 classno 外键关联	班级编号

第 4 步：设计 course（课程表），如表 2.4.4 所示。

表 2.4.4 course（课程表）

字 段 名	类 型	约 束	备 注
cno	char（7）	主键	课程编号
cname	char（30）	非空	课程名称
credits	real（4）	非空	学分

第 5 步：设计 choice（选修表），如表 2.4.5 所示。

表 2.4.5 choice（选修表）

字 段 名	类 型	约 束	备 注
sno	char（10）	主键，与学生表中 sno 外键关联，级联删除	学号
cno	char（30）	主键，与课程表中 cno 外键关联	课程编号
grade	real（4）		成绩

第 6 步：设计 teaching（授课表），如表 2.4.6 所示。

表 2.4.6 teaching（授课表）

字 段 名	类 型	约 束	备 注
tno	char（4）	主键，与教师表中 tno 外键关联，级联删除	教师编号
cno	char（7）	主键，与课程表中 cno 外键关联	课程编号

第 7 步：设计 class（班级表），如表 2.4.7 所示。

表 2.4.7　class（班级表）

字 段 名	类 型	约 束	备 注
classno	char（8）	主键	班级编号
classname	char（16）	非空	班级名称
pno	char（4）	与专业表中 pno 外键关联	专业编号

第 8 步：设计 class（班级表），如表 2.4.8 所示。

表 2.4.8　professional（专业表）

字 段 名	类 型	约 束	备 注
pno	char（4）	主键	专业编号
pname	char（30）	非空	专业名称
deptno	char（2）	与系部表中 deptno 外键关联	系部编号

至此任务全部完成。

实操练习

　　根据自己的特长，任选一个信息管理系统进行数据库设计；完成用例图、数据流图和功能结构图的绘制；完成 E-R 图的绘制；完成关系模型的创建；完成数据库数据表的创建，撰写数据库设计说明书。

项目三

校园网管理系统数据库以及
数据表的创建

项目背景

　　本项目是在系统详细设计的基础上进行具体的实现，主要完成校园网数据库的建立与数据表的创建等任务。

项目分析

本项目的完成分成以下 3 个任务。

任务一：学会使用命令或图形界面创建数据库。

任务二：掌握使用命令或图形界面创建数据表。

任务三：建立数据的完整性、约束性，确立系统的物理结构，为后续操作提供数据基础。

项目目标

【知识目标】

1．掌握校园网数据库的创建命令及图形操作步骤；

2．掌握数据表的创建方法；

3．理解数据库中数据的约束条件。

【能力目标】

1．具备创建数据库系统的能力；

2．具备使用基本的命令创建数据库以及数据表的能力；

3．具备向数据表中添加数据的能力；

4．具备设计数据表约束的能力。

【情感目标】

1．培养良好的抗压能力；

2．培养沟通的能力并能通过沟通获取关键信息；

3．培养团队的合作精神；

4．培养事物发展是渐进增长的理念；

5．培养细心的态度及自纠错能力。

任务一　使用命令或图形界面创建校园网数据库

 **任务说明**

要完成此任务，首先要弄懂数据库的文件结构与数据库的基本类型。

1．文件结构

数据库的文件结构分为逻辑结构与物理结构两种。

逻辑结构：数据库的逻辑结构是指数据库由何种性质的信息组成，它们构成了数据库的逻辑结构，如表 3.1.1 所示。

表 3.1.1　逻辑结构

数据库对象	说　明
表	用于存放数据，由行和列组成
视图	可以看作虚拟表或储存查询
索引	用于快速查找所需信息
存储过程	用于完成特定功能的 SQL 语句集
触发器	一种特殊类型的存储过程

物理结构：数据库的物理结构也称为储存结构，表示数据库文件是如何在磁盘中存放的。SQL Server 2008 中的数据库文件在磁盘中以文件的形式存放，由数据文件和事务日志文件组成。根据文件作用的不同，又可以将它们分为 3 类：主数据库文件、辅助数据库文件和事务日志文件，各类文件的功能如表 3.1.2 所示。

表 3.1.2　数据库中的文件

数据库文件	功　能	拓　展　名
主数据库文件	存放数据库的启动信息、部分或全部数据和数据库对象	.mdf
辅助数据库文件	存放除主数据库文件以外的数据和数据库对象	.ndf
事务日志文件	存放恢复数据库所需的事务日志信息，记录数据库更新情况	.ldf

需要注意的是一个数据库中至少要有一个数据库文件和一个事务日志文件，即主数据库文件是必需的，辅助数据库文件可以根据需要设置一个或者多个，事务日志文件至少有一个，也可以设置多个。

2．数据库的基本类型

SQL Server 2008 有两类数据库：系统数据库和用户数据库。用户数据库是用户根据需要创建的数据库，用于存放用户的数据信息；而系统数据库是 SQL Server 安装后就存在的，存放的是系统的基本信息，是系统管理的根据，它们既不能删除，也不能修改。系统数据库具体又可以分为下面几种。

master 数据库：master 数据库是 SQL Server 中非常重要的一种数据库，它主要记录与 SQL Server 相关的所有系统级信息，包括登录账户、系统配置、数据库位置及实例的初始化信息等。因此如果 master 不可用，SQL Server 将不能正常启动。

model 数据库：model 数据库为实例中创建的所有数据库提供模板，它为每个新建数据库提供所需的系统表格。

tempdb 数据库：tempdb 数据库是 SQL Server 中所有数据库共享的工作空间，它保存所有的临时表和临时存储过程。每次启动 SQL Server 时，系统会自动删除临时表和临时存储过程。

msdb 数据库：msdb 数据库用于代理程序、调度警报和作业等。

 任务分析

数据库的创建可以在 SQL Server Management Studio 中进行，也可以使用 create database 的语句实现。由以上任务说明可知，一个数据库至少包括一个数据库文件和一个事务日志文件。在此任务中使用两种方法创建校园网数据库系统，一种方法是使用图形界面，即在 Management Studio 中创建数据库；另一种方法是使用 create database 命令语句创建数据库。

实施步骤 ▶▶▶▶▶▶▶ START

方法一：使用 Management Studio 创建数据库。

第 1 步：选择"开始"｜"所有程序"｜"Microsoft SQL Server 2008"｜"SQL Server Management"选项，启动"Microsoft SQL Server Management Studio"。确定服务器连接正确后，进入"Microsoft SQL Server Management Studio"的主界面，如图 3.1.1 所示。

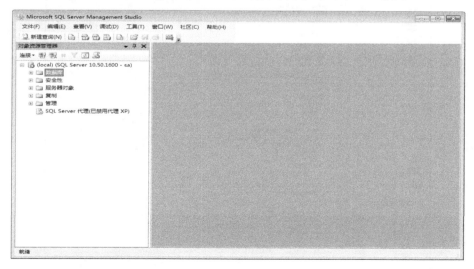

图 3.1.1 主界面

第 2 步：在 Microsoft SQL Server Management Studio 窗口中，右击"数据库"对象，在弹出的快捷菜单中选择"新建数据库"选项，打开"新建数据库"窗口。在其中输入数据库的名

称"xywglxt"，并按照表 3.1.1 的要求分别修改数据库文件的逻辑名称、文件类型、文件组、初始大小、自动增长和路径等相关属性。设置完成后的效果如图 3.1.2 所示。

第 3 步：单击"自动增长"按钮，弹出"更改 xywglxt 的自动增长设置"对话框，在该对话框中可以更改文件是按兆字节还是按百分比增长，如图 3.1.3 所示。

图 3.1.2 　新建数据库 　　　　　　　　　　　　　　图 3.1.3 　设置文件增长方式

第 4 步：选择"新建数据库"窗口左上角的"选项"选项卡，该窗口右半侧会显示"选项"选项卡的内容，可以用来设置数据库的排序规则、恢复模式、兼容级别等。如在"排序规则"下拉列表中选择"Chinese_PRC_CI_AS"选项，其他项采用默认值，如图 3.1.4 所示。

图 3.1.4 　Management Studio "选项"选项卡

第 5 步：单击"确定"按钮，显示创建进度。创建成功后，会自动关闭"新建数据库"窗口，并在"Microsoft SQL Server"窗口增加名为"xywglxt"的子节点，如图 3.1.5 所示。

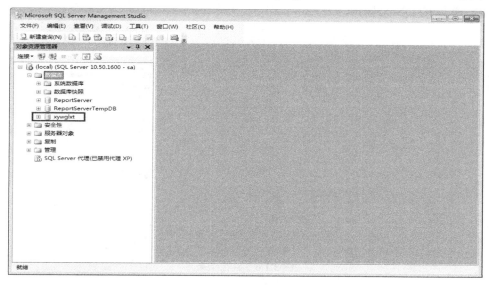

图 3.1.5　创建完成

方法二：使用 create database 命令语句创建数据库 xywglxt。

由于在方法一中，我们已经创建了 xywglxt 数据库，如果再创建一个同样名称的数据库，系统就会报错，因此需要我们先删除方法一中创建的 xywglxt 数据库。

数据库的相关属性与方法一中完全相同。对于具有丰富编程经验的用户，这种方法更加高效。

第 1 步：单击工具栏中的"新建查询"按钮，在窗口的右侧打开一个新的"SQLQuery"标签页，同时工具栏新增一个"SQL 编辑器"工具栏。

第 2 步：输入以下代码。

```
CREATE DATABASE xywglxt
ON PRIMARY
(  NAME = xywglxt_data,
   FILENAME = 'c: \db\xywglxt.mdf',
   SIZE = 3MB,
   MAXSIZE = 30MB,
   FILEGROWTH = 10MB )
LOG ON
(  NAME = xywglxt_log,
   FILENAME = 'c: \db\xywglxt_log.ldf',
   SIZE = 1MB,
   MAXSIZE = 10MB,
   FILEGROWTH = 10% )
COLLATE Chinese_PRC_CI_AS
   GO
```

第 3 步：单击工具栏中的"执行"按钮，结果如图 3.1.6 所示。可以看到"消息"标签页中显示命令已经完成，代表数据库创建成功。

以上程序的功能是使用关键字为 CREATED DATABASE 的命令语句创建名为"xywglxt"

的数据库。程序代码分为两个部分，即创建数据文件部分和日志文件部分，分别用 ON PRIMARY 和 LOG ON 来标识。

图 3.1.6　执行结果

程序中依次定义了它的逻辑文件名（NAME）为"xywglxt_data"、系统文件名（FILENAME）为 "c:\db\ xywglxt.mdf"、文件大小（SIZE）为 3MB、最大容量（MAXSIZE）为 30MB，文件的增长方式是按百分比，即按 10%的幅度增长。

COLLATE Chinese_PRC_CI_AS 定义了数据库的排序规则为简体中文，其中 Chinese_PRC是中文简体字符集，CI 表示不区分大小写，AS 表示区分重音。

实操练习

1．以图形界面的形式，固定容量（10MB）增长，添加名为"wycfgq"的数据库，建立后将数据库文件复制出并提交。

2．设计一个数据库，要求编写代码实现。

任务二　使用命令或图形界面创建校园网数据表并添加数据

任务说明

数据库中主要对象之一就是数据表，它可以用来存储各种数据信息。我们在本项目任务一中已经创建了数据库 xywglxt，现在要继续为它添加数据表。

在添加数据表之前，首先理清以下概念。

1．**SQL Server 数据表的基本概念**

（1）关系模型：关系模型是现在广泛采用的数据模型，它与先前曾使用的层次模型、网状模型相比具有显著的特点。它主要采用二维表格来表示实体之间的关系，一个表代表一个实体，表由行和列组成，一行代表一个对象，一列代表实体的一个属性。关系模型数据库也称为关系数据库。

（2）SQL Server 数据库的数据表：SQL Server 是关系数据库，它是将关系模型理论具体化的一种数据库管理系统，其基本概念也与关系模型类似。SQL Server 中的数据表类似于 Excel中的电子表格，有行和列等对象，其中每行代表一条数据记录，而每列代表一个具体的域。

在 SQL Server 中创建表须注意以下限制。

① 每个数据库创建的数据表的数目不超过 20 亿。

② 每个表中创建的字段不超过 1024 个。

③ 每条记录最多可占用的空间为 8060 个字节。

2．SQL Server 2008 中的数据类型

（1）字符数据类型：包括 varchar、char、nvarchar、nchar、text 及 ntext。这些数据类型用于存储字符数据。varchar 和 char 类型的主要区别是数据填充。如果有一个表列名为 FirstName 且数据类型为 varchar（20），同时将值 Brian 存储到该列中，则物理上只存储 5 个字节。但如果在数据类型为 char（20）的列中存储相同的值，将使用 20 个字节。SQL Server 将插入拖尾空格来填满 20 个字符。

如果要节省空间，为什么还使用 char 数据类型呢？这是因为使用 varchar 数据类型会增加一些系统开销。例如，如果要存储两字母形式的列名缩写，则最好使用 char（2）形式。尽管有些数据库管理员认为应最大可能地节省空间，但最好的做法是在组织中找到一个合适的阈值，并指定低于该值时采用 char 数据类型，反之采用 varchar 数据类型。通常原则如下：任何小于或等于 5 个字节的列应存储为 char 数据类型，而不是 varchar 数据类型；如果超过这个长度，则使用 varchar 数据类型。

nvarchar、nchar 数据类型的工作方式与对等的 varchar、char 数据类型相同，但这两种数据类型可以处理 Unicode 字符。它们需要一些额外开销。以 Unicode 形式存储的数据为一个字符占用两个字节。如果要将值 Brian 存储到 nvarchar 列，则将使用 10 字节；而如果将它存储为 nchar（20），则需要使用 40 字节。由于这些额外开销和增加的空间，应该避免使用 Unicode 列，除非有必须使用它们的业务或语言需求。

text 数据类型用于在数据页内外存储大型字符数据。应尽可能少地使用 text、ntext 数据类型，因为它们可能影响性能。与 text 数据类型相比，更好的选择是 varchar（max）。另外，text 和 ntext 数据类型在 SQL Server 的一些未来版本中将不可用，因此最好使用 varchar（max）和 nvarchar（max），而不是 text 和 ntext 数据类型。

表 3.2.1 列出了数据类型，对其做了简单描述，说明了其要求的存储空间。

表 3.2.1　字符数据库类型

数 据 类 型	描　　述	存 储 空 间
char（n）	n 为 1～8000 字符	n 字节
nchar（n）	n 为 1～4000 Unicode 字符	（2^n 字节）＋2 字节额外开销
ntext	最多为（$2^{30}-1$）个 Unicode 字符	每字符 2 字节
nvarchar（max）	最多为（$2^{30}-1$）个 Unicode 字符	2×字符数＋2 字节额外开销
text	最多为（$2^{31}-1$）个字符	每字符 1 字节
varchar（n）	n 为 1～8000 字符	每字符 1 字节＋2 字节额外开销
varchar（max）	最多为 $2^{31}-1$（2147483647）字符	每字符 1 字节＋2 字节额外开销

（2）精确数值数据类型：包括 bit、tinyint、smallint、int、bigint、numeric、decimal、money、float 及 real。这些数据类型都用于存储不同类型的数字值。第一种数据类型 bit 只存储 0 或 1，在大多数应用程序中被转换为 true 或 false。bit 数据类型非常适合用于开关标记，且它只占据一个字节空间。其他常见的数值数据类型如表 3.2.2 所示。

表 3.2.2　精确数值数据类型

数　据　类　型	描　　　述	存　储　空　间
Bit	0、1 或 Null	1 字节（8 位）
Tinyint	0～255 之间的整数	1 字节
Smallint	－32 768～+32 767 之间的整数	2 字节
Int	－2 147 483 648～ +2 147 483 647 之间的整数	4 字节
Bigint	－9 223 372 036 854 775 808～ +9 223 372 036 854 775 807 之间的整数	8 字节
numeric（p，s）或 decimal（p，s）	－10³⁸＋1～10³⁸－1 之间的数值	最多 17 字节
Money	－922 337 203 685 477.580 8～ +922 337 203 685 477.580 7	8 字节
Smallmoney	－214 748.3648～+214 748.3647	4 字节

如 decimal 和 numeric 等数据类型可存储小数点右侧或左侧的变长位数。scale 是小数点右边的位数。精度定义了总位数，包括小数点右侧的位数。

（3）近似数值数据类型：包括数据类型 float 和 real。它们用于表示浮点数据。由于它们是近似的，因此不能精确地表示所有值。

float（n）中的 n 是用于存储该数尾数的位数。SQL Server 对此只使用两个值。如果指定值为 1～24，则 SQL 使用 24；如果指定值为 25～53，则 SQL 使用 53。当指定 float()时，默认为 53。

表 3.2.3 列出了近似数值数据类型，对其进行简单描述，并说明了要求的存储空间。注意，real 的同义词为 float（24）。

表 3.2.3　近似数值数据类型

数　据　类　型	描　　　述	存　储　空　间
float[（n）]	－1.79E＋308～－2.23E－308，0，2.23E－308～1.79E＋308	n<=（24－4）字节 n>（24－8）字节
real()	－3.40E＋38～－1.18E－38，0，1.18E－38～3.40E＋38	4 字节

（4）二进制数据类型：varbinary、binary、varbinary（max）或 image 等二进制数据类型用于存储二进制数据，如图形文件、Word 文档或 MP3 文件。其值为十六进制的 0x0～0xf。image 数据类型可在数据页外部存储最多 2GB 的文件。image 数据类型的首选替代数据类型是 varbinary（max），可保存最多 8KB 的二进制数据，其性能通常比 image 数据类型好。SQL Server 2008 的新功能是可以在操作系统文件中通过 FileStream 存储选项存储 varbinary（max）对象。该选项将数据存储为文件，同时不受 varbinary（max）最多 2GB 的限制。

表 3.2.4 列出了二进制数据类型，对其做了简单描述，并说明了要求的存储空间。

（5）日期和时间数据类型：datetime 和 smalldatetime 数据类型用于存储日期和时间数据。smalldatetime 为 4 字节，存储 1900 年 1 月 1 日～2079 年 6 月 6 日之间的时间，且只精确到最近的分钟。datetime 数据类型为 8 字节，存储 1753 年 1 月 1 日～9999 年 12 月 31 日之间的时间，且精确到最近的 3.33ms。

表 3.2.4　二进制数据类型

数据类型	描　　述	存储空间
binary（n）	n 为 1～8000 十六进制数字	n 字节
image	最多为（$2^{31}-1$）十六进制数位	每字符 1 字节
varbinary（n）	n 为 1～8000 十六进制数字	每字符 1 字节＋2 字节额外开销
varbinary（max）	最多为（$2^{31}-1$）十六进制数字	每字符 1 字节＋2 字节额外开销

SQL Server 2008 有 4 种与日期相关的新数据类型：datetime2、dateoffset、date 和 time。通过 SQL Server 联机丛书可找到使用这些数据类型的示例。

datetime2 数据类型是 datetime 数据类型的扩展，有更广的日期范围。时间总是用时、分、秒形式来存储。可以定义末尾带有可变参数的 datetime2 数据类型，如 datetime2（3）。这个表达式中的 3 表示存储时秒的小数精度为 3 位，或 0.999。有效值为 0～9，默认值为 3。

datetimeoffset 数据类型和 datetime2 数据类型一样，带有时区偏移量。该时区偏移量最大为＋/-14 小时，包含了 UTC 偏移量，因此可以合理化不同时区捕捉的时间。

date 数据类型只存储日期，而 time 数据类型只存储时间。它也支持 time（n）声明，因此可以控制小数秒的粒度。与 datetime2 和 datetimeoffset 一样，n 可为 0～7 之间。

表 3.2.5 列出了日期/时间数据类型，对其进行简单描述，并说明了要求的存储空间。

表 3.2.5　日期/时间数据类型

数据类型	描　　述	存储空间
date	9999 年 1 月 1 日～12 月 31 日	3 字节
datetime	1753 年 1 月 1 日～9999 年 12 月 31 日，精确到最近的 3.33ms	8 字节
datetime2（n）	9999 年 1 月 1 日～12 月 31 日 0～7 之间的 n 指定小数秒	6～8 字节
datetimeoffset（n）	9999 年 1 月 1 日～12 月 31 日 0～7 之间的 n 指定小数秒＋/-偏移量	8～10 字节
smalldateTime	1900 年 1 月 1 日～2079 年 6 月 6 日，精确到 1 分钟	4 字节
time（n）	小时：分钟：秒：99999990～7 之间的 n 指定小数秒	3～5 字节

（6）其他数据类型：表 3.2.6 列出了之前未见过的一些数据类型。

hierarchyid 列是 SQL Server 2008 中新出现的。用户可能希望将这种数据类型的列添加到这样的表中：其表行中的数据可用层次结构表示，就像组织层次结构或经理/雇员层次结构一样。存储在该列中的值是行在层次结构中的路径。层次结构中的级别显示为斜杠。斜杠间的值是这个成员在行中的数字级别，如/1/3。可以运用一些与这种数据类型一起使用的特殊函数。

XML 数据存储 XML 文档或片段。根据文档使用 UTF-16 或者 UTF-8，它在尺寸上像 text 或 ntext 一样存储。XML 数据类型使用特殊构造体进行搜索和索引。

（7）公共语言运行库集成：在 SQL Server 2008 中，还可使用公共语言运行库（Common Language Runtime，CLR）创建自己的数据类型和存储过程。这使用户可以使用 Visual Basic 或 C#编写更复杂的数据类型，以满足业务需求。这些类型被定义为基本的 CLR 语言中的类结构。

表 3.2.6　其他数据类型

数 据 类 型	描　　述	存 储 空 间
cursor	包含一个对光标的引用和可以只用作变量或存储过程的参数	不适用
hierarchyid	包含一个对层次结构中位置的引用	1~892 字节＋2 字节的额外开销
SQL_Variant	可能包含任何系统数据类型的值，除了 text、ntext、image、timestamp、xml、varchar（max）、nvarchar（max）、varbinary（max）、sql_variant 以及用户定义的数据类型。最大尺寸为 8000 字节数据＋16 字节（或元数据）	8016 字节
table	存储用于进一步处理的数据集。定义类似于 Create Table，主要用于返回表值函数的结果集，它们也可用于存储过程和批处理	取决于表定义和存储的行数
timestamp or rowversion	对于每个表来说是唯一的、自动存储的值，通常用于版本戳，该值在插入和每次更新时自动改变	8 字节
uniqueidentifier	可以包含全局唯一标识符。GUID 值可以从 Newid()函数获得。这个函数返回的值对所有计算机来说是唯一的。尽管存储为 16 位的二进制值，但它显示为 char（36）	16 字节
XML	可以以 Unicode 或非 Unicode 形式存储	最多 2GB

注意：cursor 数据类型可能不用于 Create Table 语句。

任务分析

理解了任务说明中的概念后，下面来看具体的工作任务。

该任务是创建数据表 student 和 class 的表结构，并建立相关约束来实现数据的完整性。需要说明的是，数据表的约束在创建表时就在程序代码中定义了，而不是后续添加的。数据表的约束将在下一任务中详细讲解，其中两个数据表的结构在项目二中已经设计完毕，具体结构如表 3.2.7 和表 3.2.8 所示。

表 3.2.7　student（学生表）

字 段 名	类　　型	约　　束	备　　注
sno	char（10）	主键	学号
sname	char（10）	非空	姓名
ssex	char（2）	只取男、女	性别
sbirthday	datetime		出生日期
sscore	numeric（18，0）		入学成绩
classno	char（8）	与班级表中 classno 外键关联	班级编号

表 3.2.8　class（班级表）

字 段 名	类　　型	约　　束	备　　注
classno	char（8）	主键	班级编号
classname	char（16）	非空	班级名称
pno	char（4）	与专业表中 pno 外键关联	专业编号

然后使用图形界面或 INSERT 语句为数据表 student 和 class 添加相关数据，部分数据如

表 3.2.9 和表 3.2.10 所示。

表 3.2.9　student 表的部分记录

sno	sname	ssex	sbirthday	sscore	classno
c14F1701	刘备	男	1988-6-04	123	c14F17
c14F1702	貂蝉	女	1987-6-10	234	c14F17
c14F1703	张飞	男	1989-2-11	345	c14F17
c14F1704	关羽	男	1988-2-16	456	c14F17
c14F1705	赵龙	男	1987-1-23	567	c14F17

表 3.2.10　class 表的部分记录

classno	classname	pno
c14F13	计应	0101
c14F14	物流	0201
c14F15	会计	0202
c14F16	应用	0301
c14F17	网络	0120

 实施步骤

第 1 步：创建表。

方法一：利用图形界面创建表。

（1）打开"对象资源管理器"窗格，展开需要创建表的数据库并右击"表"对象，在弹出的快捷菜单中选择"新建表"选项，打开表设计器，如图 3.2.1 所示。

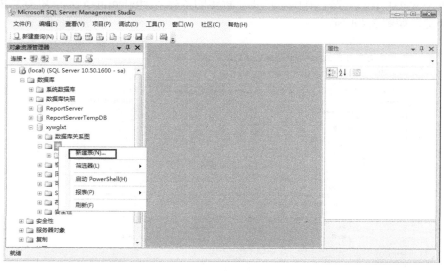

图 3.2.1　新建表

（2）在打开的表设计器中，按照任务要求设置表 student 各列的列名（字段名）、数据类型、允许空（非空约束），如图 3.2.2 所示。

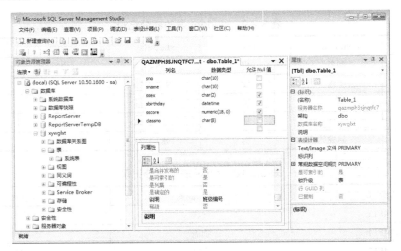

图 3.2.2　设置表

（3）各列创建完成后，单击工具栏中的"保存"按钮，系统自动弹出"选择名称"对话框，设置新建表的名称为"student"，如图 3.2.3 所示。

图 3.2.3　"选择名称"对话框

（4）单击"确定"按钮，则在数据库中新建了 student 表。在"对象资源管理器"窗格中展开数据库 xywglxt 中的"表"节点，并展开新建的数据表 student 的列，可以看到创建的数据表的基本定义，如图 3.2.4 所示。

图 3.2.4　创建完成

方法二：利用 CREATE TABLE 语句创建表。

（1）删除已经建立的 student 数据表，若一个数据库中已经存在了 student 表，要想再创建同样名称的表，就需要把原表删除，数据库中不再需要的表，也可以将其删除。删除表的操作完成后，表的结构、表中的数据都将被永久性删除。删除表既可以在图形化界面中完成，也可以通过执行 DROP TABLE 语句来实现。

① 在 SQL Server Management Studio 中删除表 student。

首先右击需要删除的表，在弹出的快捷菜单中选择"删除"选项，弹出"删除对象"对话框，如图 3.2.5 所示，单击"确定"按钮即可删除该表。

图 3.2.5　"删除对象"对话框

② 用 DROP TABLE 语句删除表，语句格式为 DROP TABLE table-name，其中参数 table-name 为要删除的数据表的名称。

删除数据表 student 的程序代码如下：

```
USE xywglxt
GO
DROP TABLEstudent
GO
```

（2）单击工具栏中的"新建查询"按钮，在窗口的右侧打开一个新的 SQLQuery 标签页，同时工具栏中新增"SQL 编辑器"工具栏，如图 3.2.6 所示。

图 3.2.6　新建查询

数据库应用基础（SQL Server 2008）

（3）在 SQLQuery 标签页中输入以下程序代码，如图 3.2.7 所示。

```
USE xywglxt
GO
CREATE TABLE student
(
  sno        char (10)        NOT NULL,
  sname      char (10)        NOT NULL,
  ssex       char (2)         NULL,
  sbirthday  datetime         NULL,
  sscore     numeric (18, 0)  NULL,
  classno    char (8)         NOT NULL
)
GO
```

图 3.2.7　输入代码

（4）在"SQL 编辑器"工具栏中单击"执行"按钮，执行该程序代码，并在"消息"标签页中显示"命令已成功完成"。在"对象资源管理器"窗格中逐级展开数据库中的各节点，可以看到刚创建的新表 student，如图 3.2.8 所示。

图 3.2.8　执行命令

　　以上程序代码的主要功能是创建 student 表的表结构。由于我们要在数据库 xywglxt 中创建数据表，因此首先用 USE xywglxt 打开数据库 xywglxt，而后出现的 CREATE TABLE 是创建表的关键字，后面是要创建的数据表的名称"student"，括号中是表结构的具体定义，它是创建表的主要部分。根据任务要求依次创建了 sno、sname、ssex、sbirthday、sscore、classno 等 6 个字段，并且为每个字段定义了各自的数据类型、字段长度以及是否允许为空等属性，各个字段的定义用西文符","分隔。例如，sno char（10）NOT NULL 的含义是字段的名称是 sno，数据类型是 char，长度为 10 个字节，不允许为空值。

　　第 2 步：使用命令创建表 class。

　　在 SQLQuery 标签页中输入以下程序代码。

```
USE   xywglxt
GO
CREATE TABLE class
(
  classno      char（8）      CONSTRAINT pk_bjbh PRIMARY KEY,
  classname    char（16）       NOT NULL,
  pno          char（4）        NOT NULL,
)
```

　　数据表 class 依次定义了 classno、classname 和 pno 3 个字段，其中 classno 为该表的主键。

　　第 3 步：为数据表添加数据。

　　方法一：在 SQL Server Management Studio 图形化界面中添加数据。

　　使用两种方法创建了数据表 student 的表结构，此时它只是一个没有任何数据的空表，如果要实现数据表存储数据的功能，还要向表中添加相应的数据。下面将要为已创建的表 student 添加数据，student 表中的部分数据如表 3.2.9 所示。其中每行代表表中的一条记录，而每列代表表中的一个字段。

　　（1）在打开的"对象资源管理器"窗格中，右击"student"，在弹出的快捷菜单中选择"编辑前 200 行"选项，如图 3.2.9 所示。

图 3.2.9　编辑前 200 行

（2）在打开的表的内容标签页中，按照要求逐条输入 student 中的每条记录。其中，sbirthday 字段是日期时间类型（datetime），录入时可以使用斜杠（/）、连字符（-）或句号（.）作为年月日的分隔，记录正确输入后如图 3.2.10 所示。

图 3.2.10　输入记录

方法二：使用 INSERT INTO 语句为数据表 student 添加数据。

（1）单击工具栏中的"新建查询"按钮，在窗口的右侧打开一个新的"SQLQuery"标签页，在其中输入以下代码。

```
USE xywglxt
GO
INSERT INTO student
 (sno,sname,ssex,sbirthday,sscore,classno)
VALUES
 ('c14F1701','刘备','男','1988-6-4',123,'c14F17')
INSERT INTO student
 (sno,sname,ssex,sbirthday,sscore,classno)
VALUES
 ('c14F1702','貂蝉','女','1987-6-10',234,'c14F17')
INSERT INTO student
 (sno,sname,ssex,sbirthday,sscore,classno)
VALUES
 ('c14F1703','张飞','男','1989-2-11',345,'c14F17')
INSERT INTO student
 (sno,sname,ssex,sbirthday,sscore,classno)
VALUES
 ('c14F1704','关羽','男','1988-2-16',456,'c14F17')
INSERT INTO student
 (sno,sname,ssex,sbirthday,sscore,classno)
VALUES
 ('c14F1705','赵龙','男','1987-1-23',567,'c14F17')
```

（2）在"SQL 编辑器"工具栏中单击"执行"按钮，执行该代码，并在"消息"标签页中显示执行结果，如图 3.2.11 所示。

图 3.2.11　执行结果

（3）在"对象资源管理器"窗格中逐渐展开数据库的各节点，并右击"student"，在弹出的快捷菜单中选择"编辑前 200 行"选项，可以看到表中新增了 5 条记录。

以上代码的功能是使用 INSERT INTO 语句向 student 表中插入 5 条记录。INSERT TNTO 是数据添加语句的关键字，其后是数据表的名称，括号中是需要说明的表中字段的名称，VALUES 后面则依次为各字段对应的具体数据，其中数据的具体类型与顺序应该与 INSERT INTO 后列表字段一一对应，否则将无法完成记录的添加。需要注意的是，字符型数据要加上引号。

第 4 步：使用命令为表 class 添加数据。

具体程序代码如下。

```
INSERT INTO class
VALUES
    ('c14F13','计应','0101')
INSERT INTO class
VALUES
    ('c14F14','物流'.'0201')
INSERT INTO class
VALUES
    ('c14F15','会计','0202')
INSERT INTO class
VALUES
    ('c14F16','应用','0101')
INSERT INTO class
VALUES
    ('c14F17','网络','0102')
```

以上程序代码的功能是为表 class 添加 5 条记录。必须注意的是，这种方法在使用时必须严格按照字段在表中定义的顺序来设置每个列的值，否则会因出错而无法正确添加记录。

第 5 步：数据表的修改。

（1）当需要对表进行修改时，在"对象资源管理器"窗格中展开"数据库"节点，在需要修改的数据表上右击，在弹出的快捷键菜单中选择"设计"选项，弹出"修改表的结构"对话框，在该对话框中可以对表中各列的属性进行修改，也可以修改列的名称、数据类型、是否为空值等，如图 3.2.12 所示。

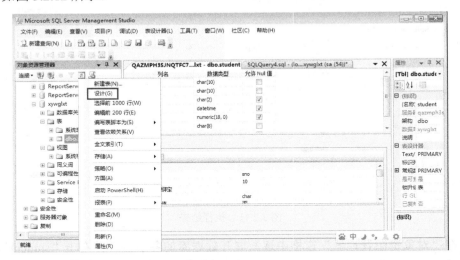

图 3.2.12　修改表

（2）如果要添加、删除或改变列的顺序，则可以继续右击表的某列，通过弹出的快捷菜单中的选项对表进行相关操作，如"插入列"，如图 3.2.13 所示。

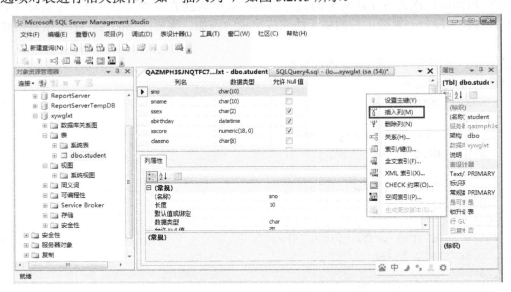

图 3.2.13　插入列

第 6 步：数据表的备份，创建表 student 的副本 studentcopy。

创建表 student 的副本 studentcopy，将表 student 的全部数据添加到表 studentcopy 中。程序代码如下。

```
USE  XYWGLXT
Go
```

```
CREATE TABLE studentcopy
(
sno          char (10)           CONSTRAINT pk_xh PRIMARY KEY,
sname        char (10)           NOT NULL,
ssex         char (2)            CONSTRAINT uk_xb CHECK (ssex='男' OR ssex='女'),
sbirthday    datetime            NULL,
sscore       numeric (18, 0)     NULL,
classno      char (8)            CONSTRAINT fk_bh REFERENCES class (classno)
) INSERT INTO  student1 (sno,sname,ssex,sbirthday,sscore,classno)
SELECT*
FROM student
```

第 7 步：查看表 student 的基本结构。

在"SQLQuery"标签页中输入如下语句。

```
USE  XYWGLXT
  Go
EXECUTE  sp_help student
```

程序运行结果如图 3.2.14 所示。

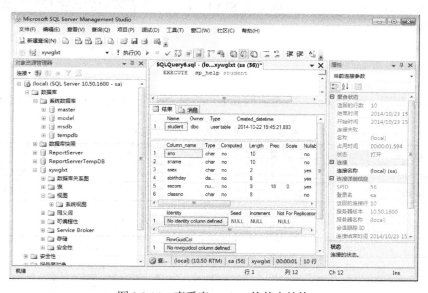

图 3.2.14 查看表 student 的基本结构

第 8 步：查看表 student 中的数据。

在"SQLQuery"标签页中，输入如下语句。

```
USE  XYWGLXT
  GO
SELECT*
FROM student
GO
```

程序运行结果如图 3.2.15 所示。

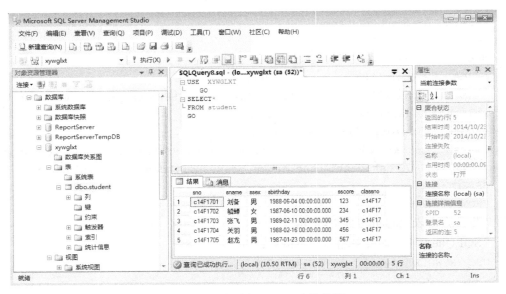

图 3.2.15　查看表 student 中的数据

在"SQLQuery"标签页中，可以使用 SELECT 语句查看表中的数据行列，具体用法在后续项目中介绍。

至此任务结束。

实操练习

1．创建系部表 department，表的结构如表 3.2.11 所示，表的记录如表 3.2.12 所示。

表 3.2.11　表 department 的结构

字　段　名	数 据 类 型	约　　束	备　　注
deptno	char（2）	主键	系部编号
deptname	char（20）	唯一约束	系部名称

表 3.2.12　表 department 的部分记录

deptno	deptname
01	计算机工程系
02	商贸管理系
03	外语系

（2）创建专业表 professional，表的结构如表 3.2.13 所示，表的记录如表 3.2.14 所示。

表 3.2.13　表 professional 的结构

字　段　名	数 据 类 型	约　　束	备　　注
pno	char（4）	主键	专业编号
pname	varchar（50）	唯一约束	系部名称
deptno	char（2）	外键	系部编号

表 3.2.14　表 professional 的部分记录

pno	pname	deptno
0101	计算机应用技术	01
0102	计算机网络技术	01
0201	物流管理	02
0202	会计	02
0301	德语	03
0302	商务英语	03

任务三　数据表的完整性约束

 **任务说明**

　　数据完整性是指保证数据库中的数据的正确性，以及相关数据间的一致性。在 SQL Server 中，数据完整性的实现可通过各类约束、规则和默认等机制来实现。例如，表 class 中的 classname（班级名称）应该是唯一的，如果出现同名的班级，则数据不正确，可以通过设置唯一约束来解决这个问题。又如，表 student 中的 classno（班级编号）字段的值应该是表 class 中存在的，如果能够在表 student 中输入"c14F10"，而表 class 中根本不存在这个班级编号，则数据库中的数据信息就出现了不一致的情况,这个问题可以通过为表 student 和表 class 建立关系来解决，即外键约束。

　　下面具体来看一下数据完整性和约束这两个概念。

1．数据完整性

　　（1）含义：数据完整性是指数据库中数据的正确性和一致性，它是衡量数据库设计好坏的一项重要指标。

　　（2）分类：根据数据完整性机制所作用的数据库对象和范围的不同，数据完整性可以分为实体完整性、域完整性、参照完整性和用户自定义完整性等 4 种类型。

　　实体完整性：指表中行的完整性，要求在表中不能存在完全相同的行，而且每行都要具有一个非空且不重复的主键值。例如，在校园网管理系统的表 choice（sno，cno，grade）中，sno 和 cno 共同组成主键，而且 sno 和 cno 两个属性都不能为空。

　　域完整性：指列的值域的完整性，要求向表中指定列输入的数据必须具有正确的数据类型、格式及有效的数据范围。例如,数据表 student 的 ssxore 字段设置检查约束后的取值为 306~650，则该值就不能超出这个指令的值域范围。

　　参照完整性：指表间的规则，作用于有关联的两个或两个以上的表，通过使用主键和外键（或唯一键）之间的关系，使表中的键值在相关表中保持一致。例如，表 student 和表 class 设置关系后，删除表 class（父表）的记录（c14F17）后，表 student（子表）的相应记录也会自动删除。

　　用户自定义完整性：指针对某一具体关系数据库的约束条件，它反映了某一具体应用所涉及的数据必须满足的语义要求。

　　（3）实现方式：SQL Server 2008 提供了约束、默认值、规则、触发器和存储过程等维护机制来保证数据库中数据的正确性和一致性。这里主要介绍约束、默认值和规则的实现方式，触发器和存储过程的实现方式将在后续项目中介绍。

2．约束

（1）约束的含义和分类。

约束是 SQL Server 2008 提供的自动保持数据完整性的一种方式，它通过限制字段中的数据、记录的数据及表之间的数据而将表约束在一起，确保在一个表中的数据改动不会使另一个表中的数据失效。

SQL Server 2008 中有 6 种约束，分别如下：非空约束，默认约束，检查约束，主键约束，唯一约束和外键约束。各种约束的作用如表 3.3.1 所示。

表 3.3.1　各种约束及其作用

约束类型	说　　明	约束对象	关　键　字
非空约束	定义某列不接收空值	列	NOT NULL
默认约束	为表中某列建立默认值	列	DEFAULT
检查约束	为表中某列能接收的值进行限定	列	CHECK
主键约束	为表中自定义主键唯一标识每行记录	行	PRIMARY KEY
唯一约束	保证在一个字段或者字段中的数据与表中其他行的数据比是唯一的	行	UNIQUE
外键约束	可以为两个相互关联的表建立关系	表与表之间	FOREIGN　KEY

（2）约束的创建。

非空约束：非空约束定义表中的列不允许使用空值。定义为主键的列，系统会自动添加非空约束，其他列则根据需要进行设置。一般在创建表时，非空约束已经设置，如果要变动，可以使用表设计器或者使用 ALTER TABLE 语句来修改。

默认约束：指用户在进行插入操作时，如果没有显示为列提供数据，系统会将默认值赋给该列。表中的每列只能定义一个默认值，并且定义的默认值的长度不能超过对应字段允许的最大长度。

检查约束：对表格中的数据设置检查条件，以保证数据的完整性。一个表可以定义多个检查约束。

主键约束：主键约束是比较重要的约束，它可以对列进行约束。主键作为表中每个记录的标识符，既不允许重复值也不允许为空值。每个数据表只能定义一个主键，但可以指定多个列组合为主键。

唯一约束：确保输入的列的值是唯一的，不允许存在重复的值。主键约束与唯一约束的区别在于：约束不允许主键列为空值，而唯一约束允许该列存在空值；每个表中只能定义一个主键约束，但可以定义多个唯一约束。使用操作的方式也能创建唯一约束。

外键约束：可以保证表和表之间数据的一致性，它通过主键和外键建立起表与表之间的关联。其中包含主键的表称为父表，包含外键的表称为子表。当父表中的数据发生改变时，子表中的数据也会发生相应的变化，以此来保证参考的完整性。使用 ALTER TABLE 语句也可以创建外键约束。

任务分析

需要说明的是，数据表的约束在创建表时就在程序代码中定义了，而不是后续添加的。为了知识点的学习，我们在此任务中介绍数据表的约束。

该任务是为数据表 student、class 建立各类约束以实现数据完整性，创建数据表 student 和 class 之间的关系，并建立数据库的关系图显示两者的关系，具体需要完成以下工作任务。

（1）将数据表 student 的 sno 字段设置为主键。

（2）将数据表 student 的 ssex 字段的默认值设置为"男"。

（3）将数据表 student 的 sscore 字段取值范围设置为 100～650。

（4）将数据表 class 的 classno 字段设置为主键。

（5）将数据表 class 的 classname 字段的值设为唯一。

（6）在数据表 class 中创建规则 yhy_rule，并将它绑定在字段 pno 上，用于保证输入的专业代码只能是数字字符。

（7）建立数据表 class 和 student 之间的关系。

（8）建立数据库关系图，显示表间的关系。

 实施步骤 ▶▶▶▶▶▶ START

第 1 步：将数据表 student 的 sno 字段设置为主键。

主键约束是最重要的约束，它是每条记录的标识符，即该记录与其他记录得以区别的唯一字段。例如，表 student 中有这样两条记录：（c14F1701，刘备，男，1988-6-4，479，c14F17），（c14F1711，刘备，男，1988-6-4，479，c14F17）。它们之所以被视为两条不同的记录，是因为 sno 字段不一样。而 name 字段由于存在同名的人而可能不唯一，不能作为表的主键字段。每个数据表只能设置一个主键，在表中定义的主键列不能有重复的值。下面是设置主键的基本步骤。

（1）右击"对象资源管理器"窗格中要创建主键的表"student"，在弹出的快捷菜单中选择"设计"选项。

（2）在打开的"表-dbo.student"标签页中右击要设置为主键的列名 sno，在弹出的快捷菜单中选择"设置主键"选项，如图 3.3.1 所示。

图 3.3.1 设置主键

第 2 步：将数据表 student 的 ssex 字段的默认值设置为"男"。

将数据表的 ssex 字段的默认值设置为"男"。用户在插入某条记录时，如果没有为某个字段输入相应的值，则该列的值为空。如果该列设置了默认约束，如为 student 的 ssex 字段设置过默认值"男"，那么即使该字段没有输入任何值，记录输入完成后也会获得默认值"男"。设置默认约束的步骤如下。

（1）右击"对象资源管理器"窗格中的表"student"，在弹出的快捷菜单中选择"设计"选项，打开表设计器，并在"表-dbo.student"标签页中单击字段名 ssex。

（2）在"列属性"标签页的"常规"选项中将"默认值或绑定"设置为"男"，如图 3.3.2 所示。

第 3 步：将数据表 student 的 sscore 字段取值设置为 100～650。

这里要为 sscore 设置检查约束，如果输入的入学成绩超出这个范围（100～650），系统会认为输入的信息有误拒绝接收数据，从而保证数据的完整性。检查约束的设置步骤如下。

（1）展开"对象资源管理器"窗格中的节点"dbo.student"，右击其子节点"约束"，弹出快捷菜单，如图 3.3.3 所示。

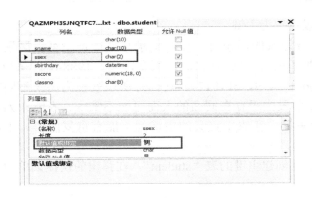

图 3.3.2　设置默认值　　　　　　　　　　图 3.3.3　新建约束

（2）选择"新建约束"选项，弹出"CHECK 约束"对话框，单击"添加"按钮，如图 3.3.4 所示。

（3）单击"表达式"右侧的 按钮，弹出"CHECK 约束表达式"对话框，在其中编辑约束条件"sscore>=100 and sscore<=650"，如图 3.3.5 所示。

图 3.3.4　"CHECK 约束"对话框　　　　图 3.3.5　"CHECK 约束表达式"对话框

（4）单击"确定"按钮，并单击"CHECK 约束"对话框中的"关闭"按钮，返回 Microsoft SQL Server Management Studio 窗口。

第 4 步：将数据表 class 的 classno 字段设置为主键。

将数据表 class 的 classno 字段设置为主键，设置主键的图形界面操作在前面已经介绍过，下面使用程序代码来实现同样操作：在"SQLQuery"标签页中输入如下语句。

```
USE xywglxt
GO
ALTER TABLE class
ADD CONSTRAINT pk_bh
PRIMARY KEY CLUSTERED (classno)
GO
```

主键约束可以在建立表的同时设置，也可以先建立数据表的基本结构再添加约束，此段程序的前提是表 class 的表结构已经创建完毕。

ALTER TABLE 是修改表的关键字，其后是要修改的数据表的表名。ADD CONSTRAINT 表示增加一类约束，后面是约束的名称 pk_bh，由于这里添加的是主键约束，因此建议使用以 pk 为前缀的约束名。PRIMARY KEY 是主键约束的关键字，CLUSTERED 表示在该列上建立聚集索引，具体内容在后面的项目中会详细介绍，这里不再赘述。括号中的 classno 表示在该列上建立主键约束。

第 5 步：将数据表的 classname 字段的值设为唯一。

将数据表的 classname 字段的值设为唯一，在"SQLQuery"标签页中输入如下语句。

```
USE xywglxt
GO
ALTER TABLE class
ADD CONSTRAINT uk_yhy
UNIQUE NONCLUSTERED (classname)
GO
```

此段程序的前提是表 class 的表结构已经创建完毕。

ALTER TABLE 是修改表的关键字，其后是要修改的数据表的表名。ADD CNSTRAINT 表示增加一类约束，后面是约束的名称 uk_yhy，由于这里添加的是唯一约束，建议使用 uk 为前缀的约束名。UNIQUE 是唯一约束的关键字，NONCLUSTERED 表示在该列上建立非聚集索引，具体内容在后面的项目中会详细介绍，这里不再赘述。括号中的 classname 表示在该列上建立唯一约束。唯一约束设定后，可以保证在 classname 列上不会出现重复的值，从而保证该列不会出现相同的班级名称。

以上程序执行成功后可以刷新"对象资源管理器"窗格中的节点"dbo.class"，展开其子节点"键"，即可看到新产生的节点"uk_yhy"，即刚才使用代码创建的约束，如图 3.3.6 所示。

第 6 步：在数据表 class 中创建规则 yhy_rule，并将它绑定在字段 pno 上，用于保证输入的专业代码只能是数字字符。

图 3.3.6　创建的约束

在"SQLQuery"标签页中输入如下语句。

```
USE xywglxt
GO
CREATE RULE yhy_rule
AS
@ch like '[0-9][0-9][0-9][0-9]'
GO
EXEC sp_bindrule 'yhy_rule',' class.pno'
GO
```

规则是与 CHECK 作用类似的一类数据库对象，它可以通过检查某列上数据的取值范围来实现数据库域的完整性。但它与约束又不完全相同，它需要单独创建，而约束可以在创建或修改表的时候建立。

此段程序的前提是表 class 的表结构已经创建完毕。

CREATE RULE 是创建规则的关键字，并且将规则命名为 yhy_rule。AS 后面是规则的具体实现，@ch 是被定义的局部变量，like 是匹配符，[0-9]表示字符为 0 到 9 的任意字符，这里限定了要求输入的字符长度为 4 且为数值型数据。

规则定义后并不立即对数据库中的数据发生作用，必须将它与具体的列进行绑定。这里运用存储过程 sp_bindrule 将定义的规则 yhy_rule 与表 class 的 pno 字段进行了绑定。

第 7 步：创建数据表 class 和 student 之间的关系。

（1）展开"对象资源管理器"窗格中的节点"dbo.student"，右击其子节点"键"，弹出快捷菜单，如图 3.3.7 所示。

（2）选择"新建外键"选项，弹出"外键关系"对话框。展开"表和列规范"节点，其子项目中为默认定义，如图 3.3.8 所示。

（3）单击"表和列规范"右侧的 ⊞ 按钮，弹出"表和列"对话框。在"主键表"下拉列表中选择"class"，选择列为"classno"；在"外键表"文本框中输入"student"，选择列为"classno"，会自动生成关系名 FK_student_class，如图 3.3.9 所示。

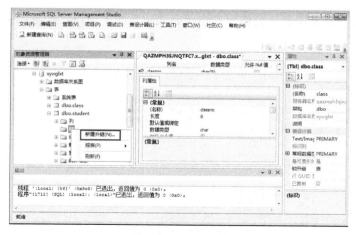

图 3.3.7 新建外键

图 3.3.8 "外键关系"对话框

图 3.3.9 "表和列"对话框

（4）单击"确定"按钮，返回"外键关系"对话框。单击"关闭"按钮，返回 Microsoft SQL Server Management Studio 窗口。单击"保存"按钮，提示保存表之间的关系，如图 3.3.10 所示。

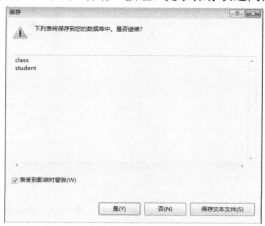

图 3.3.10 保存表间关系

（5）单击"是"按钮，保存对外键的定义。至此，数据表 class 和 student 之间的关系建立完成。

第 8 步：建立数据库关系图，显示表间的关系。

（1）在"对象资源管理器"窗格中右击"student"的子节点"数据库关系图"，弹出快捷菜单，如图3.3.11所示。

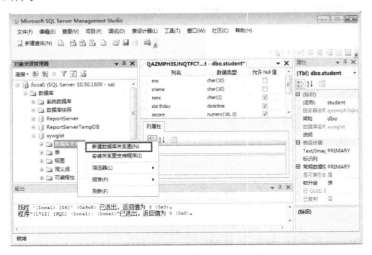

图3.3.11　新建数据库关系图

（2）选择"新建数据库关系图"选项，在 Microsoft SQL Server Management Studio 中打开一个数据库关系图的标签页，并且激活"添加表"对话框，在"表"列表框中选择表 student 和表 class，如图3.3.12所示。

（3）单击"添加"按钮，再单击"关闭"按钮，关闭"添加表"对话框。在"关系图"标签页中显示已添加的表 student 和 class，它们的关系如图3.3.13所示。

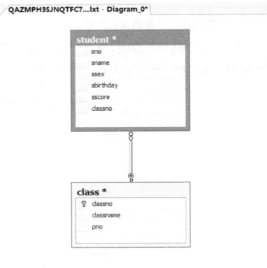

图3.3.12　"添加表"对话框　　　　　　图3.13　表 student 和表 class 的关系

（4）单击"保存"按钮，弹出"选择名称"对话框，输入关系图的名称，可以将数据库关系图保存在数据库中，如图3.3.14所示。

图 3.3.14　"选择名称"对话框

至此，数据表 class 和表 student 之间的关系创建完成。

实操练习

1．根据本项目任务二实操练习中的表及表间关系，建立表间完整约束。
2．创建数据表 student 和表 class 之间的关系，并建立数据库的关系图。

项目四

校园网数据库系统的基本操作

【情感目标】

1. 培养良好的抗压能力；
2. 培养沟通的能力并通过沟通获取关键信息；
3. 培养团队的合作精神；
4. 培养实现客户利益最大化的理念；
5. 培养事物发展是渐进增长的认知。

任务一　数据库中的数据与 Excel、Access 数据的导入与导出

 任务说明

（1）数据的导入：数据的导入时只将数据从其他数据源复制到 SQL Server 数据库中。例如，可以通过 SQL Server 中的导入导出向导将 Excel、文本文件等转换为 SQL Server 中的数据文件格式。

（2）数据的导出：数据的导出是指将数据从 SQL Server 数据库中复制到其他数据源中。例如，可以通过 SQL Server 中的导入导出向导将 SQL Server 中的数据转换为 Excel、文本文件等数据格式。访问的数据源包括 SQL Server 数据源 Excel、Access、Oracle 及文本文件等。

（3）数据源文件：OLE DB 或者 ODBC。

任务分析

操作数据库的过程中，有时需要将其他格式的数据文件变为 SQL Server 数库中的数据此时会用到数据的导入操作。操作数据库的过程中，有时需要将 SQL Server 数据库中的数据转换成其他格式的数据文件，此时就要用到数据的导出操作。

本任务中，Excel 表中有一个学生的基本数据表，在创建表时不需要将这些记录重新录入，只需要通过导入操作获取这些电子表格中的数据。另外，要将 SQL Server 数据库中的表 student 导出到 Access 数据库中，这里 Access 中需要事先建立好一个名为 s 的数据库。

 **实施步骤**　　　　　　　　　　　　　　　　　　　》》》》》》 START

第 1 步：将 Excel 中的数据导入到数据库 student 中。

（1）右击"对象资源管理器"窗格中的节点"xywglxt"，在弹出的快捷菜单中依次选择"任务"|"导入数据"选项，如图 4.1.1 所示。

图 4.1.1　导入数据

（2）弹出"SQL Server 导入和导出向导"对话框，如图 4.1.2 所示。

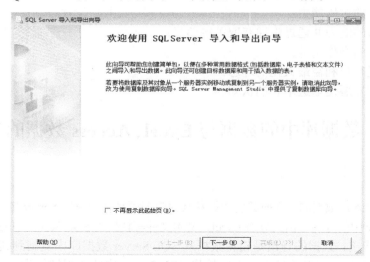

图 4.1.2 "SQL Server 导入和导出向导"对话框

（3）单击"下一步"按钮，弹出"选择数据源"对话框。在"数据源"下拉列表中选择"Microsoft Excel"选项，在"Excel 文件路径"文本框中输入 Excel 文件所在的路径及名称，如图 4.1.3 所示。

图 4.1.3 "选择数据源"对话框

（4）单击"下一步"按钮，弹出"选择目标"对话框。在"目标"下拉列表中选择"SQL Server Native Client 10.0"，其他选项采用默认设置，如图 4.1.4 所示。

图 4.1.4 "选择目标"对话框

（5）单击"下一步"按钮，弹出"指定表复制或查询"对话框。选中"复制一个或多个表或视图的数据"单选按钮，如图 4.1.5 所示。

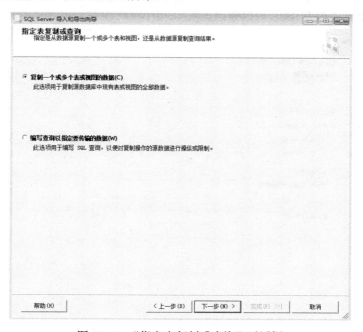

图 4.1.5 "指定表复制或查询"对话框

（6）单击"下一步"按钮，弹出"选择源表和源视图"对话框。在"表和视图"列表框中选择"student$"，默认情况下，目标表的名称与源表名称相同，这里将目标表改为"student 1"，如图 4.1.6 所示，这里列出了源数据库中所有的表和视图，可以单击"全选"按钮选择所有的表和视图，也可以有目的地选择需要的表和视图。选中表或视图后，可以单击"编辑"按钮，

059

弹出列映射对话框，对表和视图进行转化。

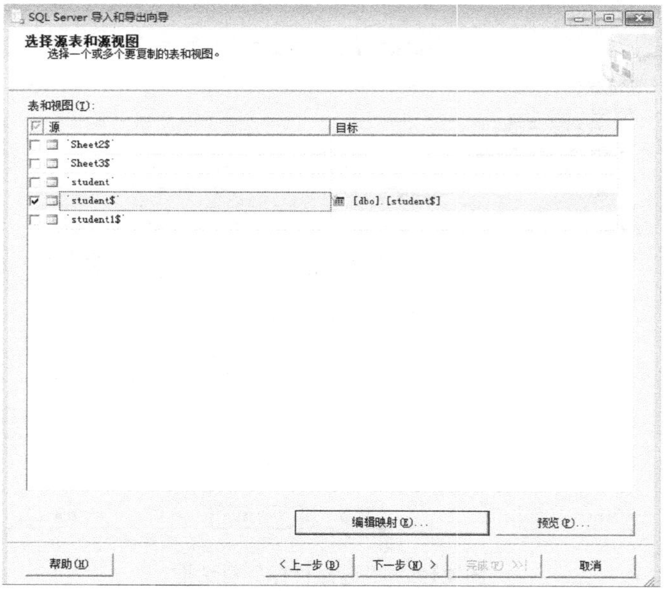

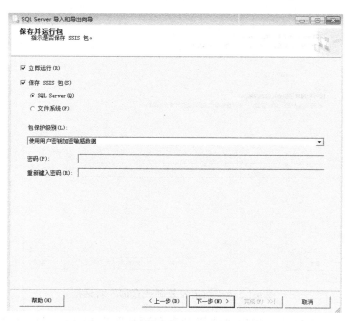

图 4.1.6　"选择源表和源视图"对话框

（7）单击"下一步"按钮，弹出"保存并运行包"对话框。选中"立即运行"复选框，如图 4.1.7 所示。如果需要保存 SSIS 包以便以后执行，则选中"保存 SSIS 包"复选框和"SQL Server"单选按钮。

图 4.1.7　"保存并运行包"对话框

（8）单击"下一步"按钮，弹出"保存 SSIS 包"对话框，并显示前面的设置，如图 4.1.8 所示。单击"上一步"按钮可以对其进行修改。

图 4.1.8 "保存 SSIS 包"对话框

（9）单击"下一步"按钮，弹出"完成该向导"对话框。单击"完成"按钮，并执行导入操作，显示执行步骤及执行状态，如图 4.1.9 和图 4.1.10 所示。

图 4.1.9 "完成该向导"对话框

图 4.1.10　执行成功

（10）单击"关闭"按钮，关闭"SQL Server 导入和导出向导"对话框。打开 SQL Server 中的相应数据库，即可看到从 Excel 中导入的数据表。

第 2 步：将数据表 student 导出到 Access 数据库的 student 中。

（1）右击"对象资源管理器"窗格中的节点"xywglxt"，在弹出的快捷菜单中依次选择"任务"｜"导出数据"选项，如图 4.1.11 所示。

图 4.1.11　导出数据

（2）弹出"SQL Server 导入和导出向导"对话框，如图 4.1.12 所示。

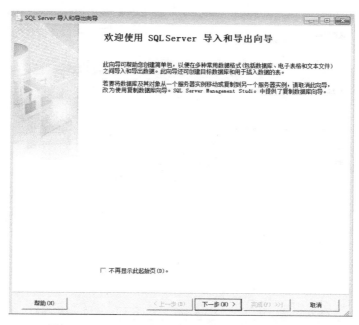

图 4.1.12　"SQL Server 导入和导出向导"对话框

（3）单击"下一步"按钮，弹出"选择数据源"对话框。在"数据源"下拉列表中选择"SQL Server Native Client 10.0"选项，在"数据库"下拉列表中选择数据库"xywglxt"，如图 4.1.13 所示。

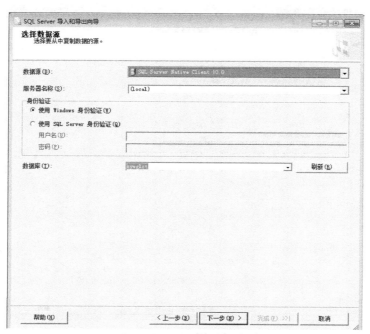

图 4.1.13　选择数据源

（4）单击"下一步"按钮，弹出"选择目标"对话框。在"目标"下拉列表中选择"Microsoft Access"选项，在"文件名"文本框中输入 Access 文件所在的路径及名称，如图 4.1.14 所示。

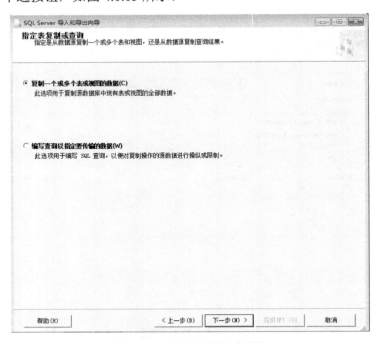

图 4.1.14　选择目标

（5）单击"下一步"按钮，弹出"指定表复制或查询"对话框。选中"复制一个或多个表或视图的数据"单选按钮，如图 4.1.15 所示。

图 4.1.15　指定表复制或查询

（6）单击"下一步"按钮，弹出"选择源表和源视图"对话框。在"表和视图"列表框中选择 student，如图 4.1.16 所示。

图 4.1.16 选择源表和源视图

（7）单击"下一步"按钮，弹出"保存并运行包"对话框。选中"立即运行"复选框。如果需要保存 SSIS 包，以便以后执行，则选中"保存 SSIS 包"复选框和"SQL Server"单选按钮，如图 4.1.17 所示。

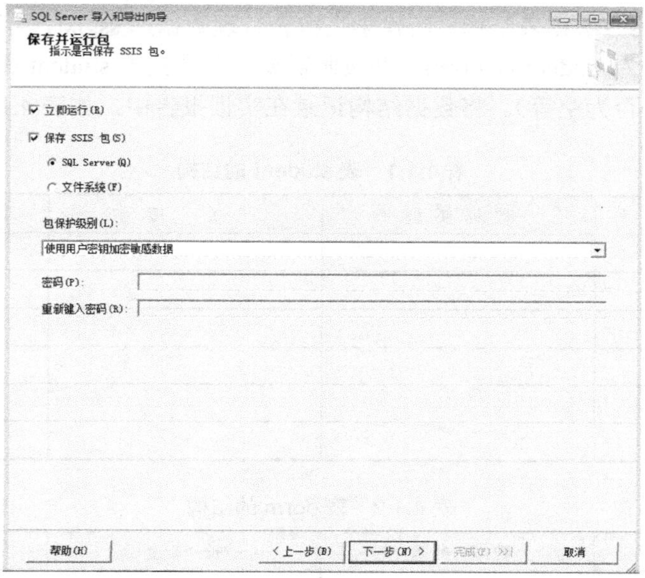

图 4.1.17 保存并运行包

（8）单击"下一步"按钮，弹出"完成该向导"对话框，可显示前面的设置，单击"上一步"按钮可以进行修改。单击"完成"按钮，执行导出操作，并且显示执行步骤及执行状态，如图 4.1.18 所示。

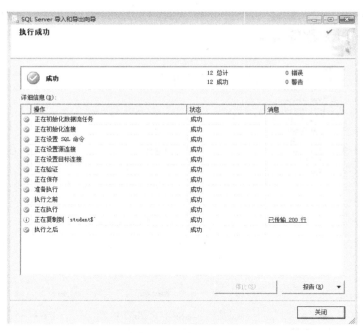

图 4.1.18　执行成功

（9）单击"关闭"按钮，SQL Server 导出数据完成。

至此任务全部完成。

实操练习

1．导入数据并修改数据表结构。新建学生宿舍管理数据库 ssglxt，导入工作表"学生"和"宿舍"，分别重命名为 student 和 dorm，并按照需要修改数据表 student 和 dorm 的结构（包括数据类型、长度、是否为空等）。将数据结构记录在实训报告中，如表 4.1.1 和表 4.1.2 所示。

表 4.1.1　表 student 的结构

字 段 名 称	数 据 类 型	长　　度	是 否 为 空

表 4.1.2　表 dorm 的结构

字 段 名 称	数 据 类 型	长　　度	是 否 为 空

2. 建立主键、外键约束。建立表 student 和表 dorm 的主键约束，建立两个表之间的外键约束。

3. 数据的基本操作。

（1）使用 INSERT 语句编写代码增加一条记录：（080302241149，郜承志，男，汉，09，是）。

（2）使用 DELETE 语句删除未报到学生的信息。

（3）使用 UPDATE 语句修改数据表 student 的学生信息，将宿舍号"01"更改为"02"。

4. 数据导出。

新建 Excel 工作簿"学生名条"，将表 student 导出到该工作簿的 Sheetl 工作表中。

任务二　数据库中数据的增加、删除与更新

 任务说明

1. 增加数据库中的数据

增加数据库中的数据有以下 4 种方法。

（1）使用 insert 插入单行数据。

语法：insert [into] <表名> [列名] values <列值>

例如：insert into students（姓名，性别，出生日期）values（'开心朋朋', '男', '1980/6/15'）

 注意

into 可以省略；列名、列值用逗号分开；列值用单引号引上；如果省略表名，将依次插入所有列。

（2）使用 insert select 语句将现有表中的数据添加到已有的新表中。

语法：insert into <已有的新表> <列名>

　　　　select <原表列名> from <原表名>

例如：insert into tongxunlu（'姓名', '地址', '电子邮件'）

　　　　select name，address，email from Students

 注意

into 不可省略；查询得到的数据个数、顺序、数据类型等，必须与插入的项保持一致。

（3）使用 select into 语句将现有表中的数据添加到新建表中。

语法：select <新建表列名> into <新建表名> from <源表名>

例如：select name，address，email into tongxunlu from students

新表是在执行查询语句的时候创建的，不能预先存在。

在新表中插入标识列（关键字 identity）的方法如下。

语法：select identity（数据类型，标识种子，标识增长量）AS 列名 into 新表 from 原表名

例如：select identity（int，1，1）as 标识列，dengluid，password into tongxunlu from students

关键字 identity 不可省略。

（4）使用 union 关键字合并数据并插入多行。

语法：insert <表名> <列名> select <列值> union select <列值>

例如：insert students　（姓名，性别，出生日期）

select '开心朋朋', '男', '1980/6/15' union（union 表示下一行）

select '蓝色小明', '男', '19**/**/**'

插入的列值必须和插入的列名个数、顺序、数据类型一致。

2. 删除数据库中的数据

删除数据库中的数据有以下两种方法。

（1）使用 delete 删除某些数据。

语法：delete from <表名> [where <删除条件>]

例如：delete from a where name='开心朋朋'（删除表 a 中列值为"开心朋朋"的行）

删除整行而不是删除单个字段，所以 delete 后面不能出现字段名。

（2）使用 truncate table 删除整个表的数据。

语法：truncate table <表名>

例如：truncate table tongxunlu

删除表中的所有行，但表的结构、列、约束、索引等不会被删除。

任务分析

（1）数据表的修改：当需要对表进行修改时，在"对象资源管理器"窗格中展开"数据库"节点，在需要修改的数据表上右击，在弹出的快捷键菜单中选择"修改"选项，弹出"修改表的结构"对话框，在其中可以对表中各列的属性进行修改，可以修改列的名称、数据类型、是否为空值等。

（2）如果要添加、删除或改变列的顺序，则可以继续右击表中的某列，通过弹出的快捷菜单中的选项对表进行相关操作。

（3）数据表的删除：对于数据库中不再需要的表，可以将其删除。删除表的操作完成后，表的结构、表中的数据都将被永久性删除。删除表既可以在图形化界面中完成，也可以通过执行 DROP TABLE 语句实现。

实施步骤　▶▶▶▶▶▶▶ START

第 1 步：在"对象资源管理器"窗格中展开"表"节点，在需要修改的数据表上右击，在弹出的快捷键菜单中选择"设计"选项，如图 4.2.1 所示。

弹出"修改表的结构"对话框，在其中可以对表中各列的属性进行修改，可以修改列的名称、数据类型、是否为空值等，如图 4.2.2 所示。

图 4.2.1　修改数据表

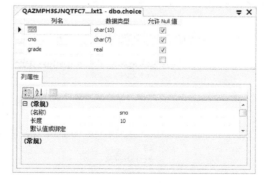

图 4.2.2　修改表的属性

第 2 步：删除表。

方法一：在 Microsoft SQL Server Management Studio 中删除数据表 student。

首先右击需要删除的表，在弹出的快捷菜单中选择"删除"选项，弹出"删除对象"对话框，如图 4.2.3 所示，单击"确定"按钮即可删除该表。

方法二：用 DROP TABLE 语句删除表。

语法：DROP TABLE table-name

图 4.2.3 "删除对象"对话框

说明

参数 table-name 为要删除的数据表的名称。

删除数据表 student 的具体程序如下。

```
use xywglxt1
GO
DROP TABLE student
GO
```

分析执行上述代码，结果如图 4.2.4 所示。

图 4.2.4 执行代码

第 3 步：数据表的重命名。数据表的重命名既可以在图形化界面中完成，也可以通过执行存储过程 sp_rename 来实现。

方法一：在 Microsoft SQL Server Management Studio 中重命名表。

首先右击需要重命名的表，在弹出的快捷菜单中选择"重命名"选项，然后输入新的数据表名即可。

方法二：使用存储过程 sp_rename 重命名数据表，将数据表 student 重命名为"xs"的程序代码如下。

```
USE student
GO
EXEC  Sp_rename'student', 'xs'
GO
```

执行上述代码，结果如图 4.2.5 所示。

图 4.2.5　重命名表

重命名数据表的语句格式如下。

```
Sp_rename [@objname=]'object-name',[@newname=]'new-name'[,
[@objtype=]'onject-type']
```

 说明

① [@objname=]'object-name'：用户对象或数据类型的当前限定或非限定名称。

② [@newname=]'new-name'：指定对象的新名称。

③ [@objtype=]'object-type'：要重命名的对象的类型。

④ 在当前数据库中可以更改的用户创建的对象可以是表、索引、列、别名数据类型或 Microsoft.NET Framework CLR 用户定义的类型。

 实操练习

1．如何向数据库中增加数据？

2．如何向数据库中添加、删除数据？

3．如何在数据库中更新数据？

任务三　数据库中表的若干行、列、排序及模糊查询

任务说明

1．关系数据库的基本运算

关系数据库的关系之间可以通过运算获取相关的数据，其基本运算的种类主要有投影、选

择和连接，它们来自关系代数中的并、交、差、选择和投影等运算。

（1）投影：从一个表中选择一列或者几列形成新表的运算。投影是对数据表的列进行的一种筛选操作，新表的列的数量和顺序一般与原表不相同。SQL Server 中投影操作通过在 SELECT 子句中限定列名列表来实现。

（2）选择：从一个表中选择若干记录形成新表的运算。选择是对数据表的行进行的一种筛选操作，新表的行的数量一般与原表不相同。在 SQL Server 中选择操作通过在 WHERE 子句中限定记录条件来实现。

（3）连接：从两个或两个以上的表中选择满足某种条件的记录形成新表的运算。连接和投影、选择不同，它的运算是多表。连接分为交叉连接、自然连接、左连接和右连接等。

2．SELECT 语句的基本语法格式

```
SELECT select_list
[INTO new_table_name]
FROM table_list
[WHERE search_condition1]
[GROUP BY group_by_list]
[HAVING search_condition2]
[ORDER BY order_list[ASC | DESC]]
```

参数的基本含义如表 4.3.1 所示。

表 4.3.1　SELECT 语句主要参数说明

参　数	说　明
select_list	用 SELECT 子句指定字段列表，字段间用逗号分隔。这里的字段可以是数据表或视图的列，也可以是其他表达式，如常量或 T-SQL 函数
new_table_name	新表的名称
table_list	数据来源的表或视图，也可包含连接的定义
search_condition1	在 WHERE 子句后，表示记录筛选的条件
group_by_list	根据列中的值将结果分组
search_conditions2	用于 HAVING 子句中对结果集的附加筛选
order_list[ASC|DESC]	order_list 指定组成排序列表的结果集的列，ASC 和 DESC 关键字用于指定行是按升序排列还是按降序排列

3．WHERE 子句的常用查询条件

SELECT 查询语句中的 WHERE 子句可以对查询的记录进行限定，当满足查询条件时就显示记录，从而筛选出满足条件的记录。为了筛选出符合条件的记录，WHERE 子句中要使用各类查询条件，具体如下。

（1）使用比较运算符：比较运算符用来比较两个表达式的大小，比较运算符主要有大于(>)、等于（=）、小于（>）、大于等于（>=）、小于等于（<=）、不大于（！>）、不小于（！<）和不等于（<>或！=）。

（2）使用逻辑运算符：逻辑运算符主要有 AND、OR 和 NOT 3 种，用户可以使用逻辑运算符组合筛选条件，从而查出所需数据。

（3）使用集合运算符：集合运算符主要有 IN 和 NOT IN，它们可以用来查找某个值属于某个集合的记录。使用 UNION 还可以将查询的结果集合并成一个集合。

（4）使用字符匹配运算符：SQL Server 中提供了 like 以进行字符串的匹配运算，从而实现

模糊查询。与匹配运算符一同使用的是通配符，具体功能如表 4.3.2 所示。

表 4.3.2　通配符的功能

通 配 符	说　明	举　例
%	包含零个或更多字符的任意字符串	WHERE title LIKE '%computer%' 查找处于书名任意位置的包含单词 computer 的所有书。
_（下划线）	任何单个字符	WHERE au_fname LIKE '_ean'查找以 ean 结尾的 4 个字母的名字（如 Dean、Sean 等）
[ ]	指定范围（[a-f]）或集合（[abcdef]）中的任意单个字符	WHERE au_lname LIKE '[C-P]arsen'查找以 arsen 结尾且以介于 C 与 P 之间的任何单个字符开始的作者姓氏，如 Carsen、Larsen、Karsen 等
[^]	不属于指定范围（[a-f]）或集合（[abcdef]）的任意单个字符	WHERE au_lname LIKE 'de[^l]%' 查找以 de 开始且其后的字母不为l的所有作者的姓氏

任务分析

（1）查询信息是数据库的基本功能之一，通常可以使用 SELECT 语句来完成查询操作。本任务之一要完成对 student 表的若干列的查询，这里的若干列既可以是全部列，也可以是部分列，还可以是一些列组合成的结果集。因此该任务可以分为下面几个步骤。

① 查询表 student 中学生的学号、姓名、性别和入学成绩。

② 查询表 student 中所有学生的信息。

③ 查询表 student 中学生的姓名和年龄。

这些任务可以用简单的 SELECT 语句（包括 SELECT 字句和 FROM 字句）来完成，其格式如下。

```
SELECT 列名列表
FROM表名
```

（2）完成对表 student 的若干行的查询，可以通过 WHERE、TOP 和 DISTINCT 来实现。WHERE 子句可以筛选出满足条件的记录，TOP 可以对记录的条数进行具体限定，DISTINCT 则可以清除一些重复的行。因此该任务可以分为下面几个步骤。

① 查询表 student 中"07010211"班的男生信息。

② 应用 TOP 子句查询表 choice 中选修"0101001"课程的 3 位学生。

③ 应用 DISTINCT 子句消除重复行。

完成这些任务，我们需要用到较为复杂的 SELECT 语句，格式如下。

```
SELECT[TOP n][DISTINCT]列名列表
FROM表名
WHERE查询条件
```

（3）在表 student 中查询全体学生的信息，查询结果按所在班级的"班级编号"降序排序，同一个班级的学生按照"学号"升序排序。结果的排序可以使用 ORDER BY 语句来控制，其中 ASC 表示升序，DESC 表示降序。

（4）在表 student 中查询杨姓学生的基本信息，查询结果按"出生日期"降序排序。这里的查询条件"杨姓学生"的含义比较宽泛，不能直接使用"sname='杨'"来表示，可使用 LIKE 子句并加上通配符的形式。查询结果排序则可以使用 ORDER BY 语句来控制，其中 ASC 表示升序，DESC 表示降序。

 实施步骤 ▶▶▶▶▶▶▶ START

第 1 步：查询表 student 中学生的学号、姓名、性别和入学成绩。

下面是具体的程序代码。

```
USE xywglxt
GO
SELECT sno,sname, ssex,sscore
FROM student
GO
```

程序中首先用 USE xywglxt 语句打开校园网管理数据库 xywglxt，任务中要查询的是学生的学号、姓名、性别和入学成绩，对应表 student 中的 sno、sname、ssex 和 sscore 共 4 个字段，因此在 SELECT 子句中依次列出要查询的字段（字段间用逗号加以分割）。FROM 子句指明数据来源于哪个数据表或视图，此处来自表 student。

执行上述代码，在查询结构中将只显示学号、姓名、性别和入学成绩 4 个字段，如图 4.3.1 所示。

图 4.3.1　查询结果

第 2 步：查询表 student 中所有学生的信息。

下面是具体的程序代码。

```
USE xywglxt
GO
SELECT *
FROM student
GO
```

以上程序代码中首先用 USE xywglxt 语句打开校园网管理数据库 xywglxt，任务中要查询的是学生的所有信息，可以依次列出表中所有列，也可以使用通配符"*****"来表示，FROM 子句指明数据来源于哪个数据表，此处来自表 student。

　　查询结果中将显示表 student 中的所有字段，如图 4.3.2 所示。

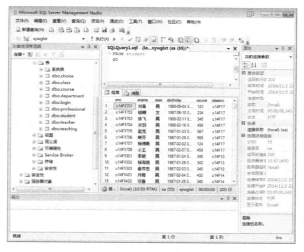

图 4.3.2　查询所有学生的信息

第 3 步：查询表 student 中学生的姓名和年龄。

下面是具体的程序代码。

```
USE xywglxt
GO
SELECT sname 姓名，YEAR（GETDATE()）-YEAR（sbirthday）年龄
FROM student
GO
```

　　程序中的"YEAR（GETDATE()）-YEAR（sbirthday）"是表达式，可以计算出学生的年龄。其中 YEAR() 函数的功能是返回年份，GETDATE() 函数的功能是返回系统当前的时间和日期。列名后的中文"姓名"、"年龄"是该列的别名，用来友好地显示相关查询字段的信息。

　　执行上述代码，在查询结果中将显示表 student 中的相关字段，如图 4.3.3 所示。

图 4.3.3　查询学生姓名和年龄

第 4 步：查询表 student 中"c14f17"班的男生信息。

下面是具体的程序代码。

```
USE xywglxt
GO
SELECT *
FROM student
WHERE classno='c14f17' AND ssex='男'
GO
```

以上代码对男生的具体信息进行了限定，在 SELECT 后面使用"＊"选择数据表中所有的列。WHERE 子句可以将满足条件的记录筛选出来，这里的条件有两个：一个是班级的编号为"c14f17"，另一个是学生的性别是"男"。这两个条件之间是并且的关系，可以用逻辑运算符 AND 进行连接。注意：字符常量引用时要用单引号。

执行上述代码，结果如图 4.3.4 所示。

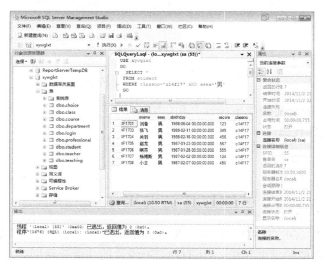

图 4.3.4　查询信息

第 5 步：应用 TOP 子句查询表 choice 中选修"0101001"课程的前 3 位学生的信息。

下面是具体的程序代码。

```
USE xywglxt
   GO
   SELECT TOP 3 *
   FROM choice
WHERE cno= '0101001'
GO
```

有时候查询时只希望看到表中的部分记录，如前 3 条，或者 20%的记录，此时可以使用 TOP 命令或者 PERCENT 命令来实现。如果在字段列表之前使用 TOP 30 PERCENT 关键字，则查询结果只显示前面 30%的记录。TOP 子句位于 SELECT 和列名列表之间。

执行上述代码，结果如图 4.3.5 所示。

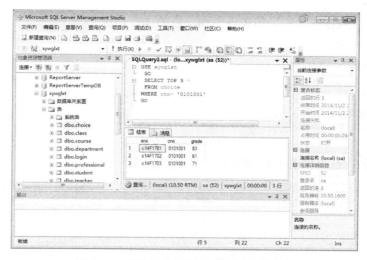

图 4.3.5　查询选修课的前 3 位学生的信息

第 6 步：应用 DISTINCT 子句消除重复行。

下面是具体的程序代码。

```
USE xywglxt
GO
SELECT DISTINCT  sno
FROM choice
GO
```

在查询中，某些记录可能会重复出现，为了减少数据冗余，可以使用 DISTINCT 关键字消除重复出现的记录。例如，上述程序如果不使用 DISTINCT 关键字，所有选修了课程的学生学号都会显示出来，而有些学生可能选修了不止一门课程，就会有很多重复的学号出现。DINSTINCT 使用介于 SELECT 和列名列表之间。

执行上述代码，结果如图 4.3.6 所示。

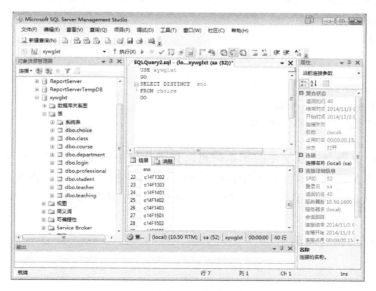

图 4.3.6　消除重复行

第 7 步：使用 ORDER BY 字句实现查询信息的排序显示。

下面是具体的程序代码。

```
USE xywglxt
GO
SELECT  *
FROM  student
ORDER  BY classno DESC, sno ASC
GO
```

执行上述代码，结果如图 4.3.7 所示。

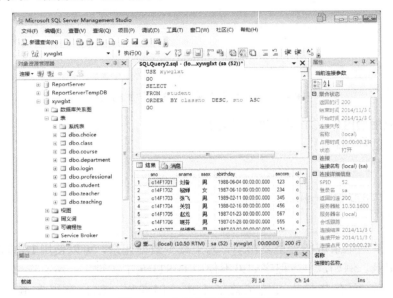

图 4.3.7 实现信息的排序显示

第 8 步：使用 LIKE 子句实现模糊查询。

下面是具体的程序代码。

```
USE xywglxt
GO
SELECT  *
FROM  student
where sname  LIKE '杨%'
ORDER  BY sbirthday  DESC
GO
```

在表 student 中查询杨姓学生的基本信息，查询结果按出生日期降序排列。这里的查询条件"杨姓学生"的含义比较宽泛，不能直接使用"sname='杨'"来表示，而要使用 LIKE 子句并加上通配符的形式。查询结果排序则可以使用 ORDER BY 语句来控制，其中 ASC 表示升序，DESC 表示降序。

执行上述代码，结果如图 4.3.8 所示。

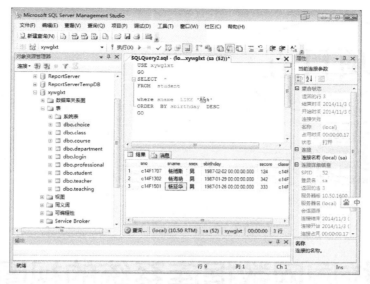

图 4.3.8 模糊查询的结果

实操练习

1．根据本项目任务一中表 student 的数据，写出查询学号为 C14F1301 学生的 SQL 语句。

2．根据本项目任务一中表 student 的数据，写出查询学号中含有"C14F13"的学生记录的 SQL 语句。

项目五

校园网数据库系统的视图

本项目在已建立数据的基础上，完成根据数据对视图的创建与操作。

本项目分以下两个任务。

任务一：视图的创建。

任务二：视图基本操作。

通过完成本项目，要求读者掌握视图的作用及基本操作。

【知识目标】

1．了解视图的基本概念；

2．理解视图在数据库中的作用；

3．掌握视图的创建、删除、更新等操作。

【能力目标】

1．具备创建视图的能力；

2．具备删除、更新及查询视图的能力；

3．具备理解视图在数据库中作用的能力。

【情感目标】

1．培养良好的抗压能力；

2．培养沟通的能力并通过沟通获取关键信息；

3．培养团队的合作精神；

4．培养实现客户利益最大化的理念；

5. 培养事物发展是渐进增长的认知。

任务一 创建视图

 任务说明

1. 视图的基础知识

（1）含义：视图是一种数据库对象，它是从一个或多个表中导出的虚表，即它可以从一个或多个表中的一列或多个列中提取数据，并按照表组成行和列来显示这些信息。视图中的数据是在视图被使用时动态生成的，数据随着源数据表的变化而变化。当源数据表被删除后，视图也就失去了存在的价值。

（2）分类：SQL Server 2008 中的视图可以分为 3 类，即标准视图、分区视图和索引视图。标准视图是视图的标准形式，它组合了多个表的数据，用户可以通过它对数据库进行数据的增加、删除、更新及查询操作。分区视图使用户可以将两个或多个查询结果组合成单一的结果集，在用户的角度看来就像一个表。索引视图是通过计算机存储的视图。

（3）使用视图的优点：视图可以简化用户对数据的理解。一般情况下，用户比较关心对自己有用的信息，那些被经常使用的查询可以被定义为视图。例如，计应 0711 班的班主任比较关心自己班级的学生信息，则可以以全体学生的数据表为基础创建"计应 0711 班学生"视图。视图可以简化复杂的查询，从而方便用户进行操作。例如，要查询计算机应用技术专业的学生时，需要用到多个数据表，每次查询都编写查询语句太烦琐，此时就可以将查询语句定义为视图。视图能够对数据提供安全保护。通过视图用户只能查询和修改他们所能见到的数据，数据库中的其他数据则看不见也取不到。数据库授权命令可以将每个用户对数据库检索限制到特定的数据库对象上，但不能授权到数据库特定的列上，通过视图，用户可以被限制在数据的不同子集上。视图可以使应用程序和数据库表在一定程度上分割开来。

2. 视图的基本操作

视图的基本操作包括视图的创建、修改、重命名和删除等。视图的创建既可以使用 SQL Server Management Studio 窗口完成，也可以使用 CREATE VIEW 语句完成。利用已生成的视图，可以进行数据的查询，也能对数据进行增加、更新和删除等操作。

任务分析

任务的具体要求是在 student 数据库中查询"计算机应用技术"专业所有学生的信息，并将查询结果保存为视图 v-xe，解决这个任务可以采用两种方法，一种是在 SQL Server Management Studio 窗口中操作实现，另一种是使用 CREATE VIEW 语句实现。

要查询"计算机应用技术"专业的学生，首先要确定查询所需的数据表有哪些。通过分析发现使用简单查询（单表查询）显然无法完成。

其次，查询的结果要保存成视图，视图是一种虚表，也是一种数据库对象，它可以由语句生成。

创建视图的基本语法如下。

```
CREATE VIEW { schema_name. }view_name{ (column{ ,…n}) }
{ WITH<view_attrbute>{,…n}}
AS select_statement{;}
{ WITH CHECK OPTION}
```

```
<view_attribute>: : =
{
  [ENCRYPTION]
  [SCHEMABINDING]
  [VIEW_METADA]
}
```

主要参数的含义如表 5.1.1 所示。

表 5.1.1　主要参数的含义

主 要 参 数	说　　明
view_name	新建视图的名称
column	视图中的列名
ENCRYPTION	对视图的创建语句进行加密
select_statement	定义视图的 select 语句
WITH CHECK OPTION	强制视图中执行的所有修改语句都必须符合由 select_statement 设置的条件

在数据库中创建视图，需要注意用户是否对引用的数据表和视图拥有权限。此外，还要注意以下几点。

（1）视图的命名要符合规范，不能和本地数据库的其他数据库对象名称相同。

（2）一个视图最多可以引用 1024 个字段。

（3）视图的基表既可以是表，也可以是其他视图。

（4）不能在视图上运用规则、默认约束和触发器等数据库对象。

（5）只能在当前数据库中创建视图，但是视图所引用的数据库表和视图可以来自其他数据库，甚至来自其他服务器。

删除视图：定义完视图后，如果对其定义不太满意，既可以通过 SQL Sever Management Studio 窗口修改，也可以使用 ALTER VIEW 语句进行修改。当删除视图所依赖的数据表或其他视图时，视图的定义不会被系统自动删除。

 实施步骤　　　　　　　　　　　　　　　　▶▶▶▶▶▶▶ START

第 1 步：创建视图。

方法一：使用 SQL Server Management Studio 创建视图 View_yhy。

（1）启动 SQL Server Management Studio，在"对象资源管理器"窗格中依次展开"数据库"|"xywglxt"节点。右击"视图"节点，在弹出的快捷菜单中选择"新建视图"选项，打开视图设计器，弹出"添加表"对话框，如图 5.1.1 所示。

（2）在"添加表"对话框中选择"表"选项卡，其中列出了所有可用的表，选择 student、class 和 professional 表，单击"添加"按钮将其作为视图的基表，可以看到，"添加表"对话框中还有"视图"、"函数"和"同义词"选项卡，其中"视图"选项卡可以在视图的基础上再创建

图 5.1.1　"添加表"对话框

视图，"函数"选项卡可以将基表中的列通过函数运算后显示在视图中。

（3）添加完毕后，单击"关闭"按钮关闭"添加表"对话框，视图设计窗口如图 5.1.2 所示。

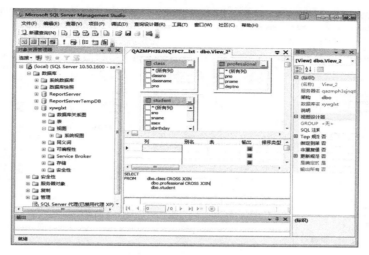

图 5.1.2 视图设计窗口

第一个子窗口是关系图窗格，主要显示添加的表，用户可以通过双击字段，或在字段窗格的列中单击来添加所需的字段。

第二个子窗口是条件窗格，主要显示用户选择的列的名称、别名、表、输出、排序类型、排序顺序和筛选条件等属性，用户可以根据需要进行设置。

第三个子窗口是 SQL 窗格，主要显示视图运行的 SQL 语句。

第四个子窗口是结果窗格，主要显示视图运行的结果。

（4）在关系图窗格中选中相应表中的相应列的复选框，即依次选择表 student 中的 sno、sname 字段，表 class 中的 classname 字段，以及表 professional 中的 pname 字段，如图 5.1.3 所示。

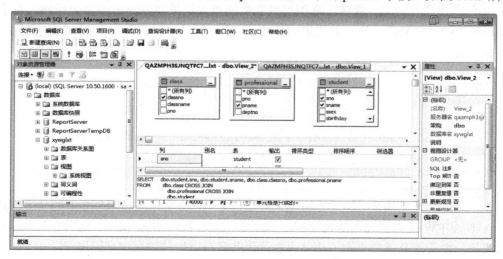

图 5.1.3 选择字段

（5）在条件窗格中的"筛选器"中设置筛选记录的条件，即在条件窗格中选择表 professional 中的 pname 字段，在"筛选器"列中输入"计算机应用技术"。

（6）在视图设计器中单击"验证 T-SQL 句法"按钮，检查语法错误。语法正确后，单击"执行"按钮执行，可以预览视图结果，如图 5.1.4 所示。

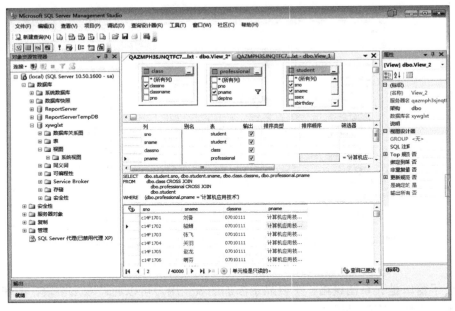

图 5.1.4　视图结果

（7）测试正常后，单击工具栏中的"保存"按钮，弹出"选择名称"对话框，在该对话框中命名视图为"View_yhy"，如图 5.1.5 所示。单击"确定"按钮，完成视图的保存。

图 5.1.5　命名视图

方法二：使用 CREATE VIEW 语句创建视图

根据任务要求，使用 T-SQL 提供的 CREATE VIEW 语句创建视图，视图可以完成的查询结果与方法一中完全相同。对于具有丰富编程经验的用户来说，这种方法更加高效。

下面是具体的程序代码。

```
USE xywglxt
GO
CREATE VIEW  View_yhy
AS
SELECT dbo.student.sno, dbo.student.sname,dbo.class.classno,
dbo.professional.pname
    FROM dbo.class CROSS JOIN dbo.professional CROSS JOIN dbo.student
    WHERE (dbo.professional.pname = '计算机应用技术')
```

以上代码的主要功能是创建一个视图，可以查询"计算机应用技术"专业的学生信息。其中 CREATE VIEW 是创建视图的关键词，后面是视图的名称 View_yhy，视图的主体部分是一组查询语句，由于涉及连接查询的相关内容，因此将在以后的项目中详细展开。

这段代码可以在方法一完成后的 SQL 窗格中获得。

执行上述代码，结果如图 5.1.6 所示。

图 5.1.6　执行结果

第 9 步：创建视图 **v_c14f17**，要求能够查询 c14f17 班的学生信息。

下面是具体的程序代码。

```
USE xywglxt
GO
CREATE VIEW v_c14f17
AS
SELECT *
FROM student
WHERE classno= 'c14f17'
```

执行上述代码，结果如图 5.1.7 所示。

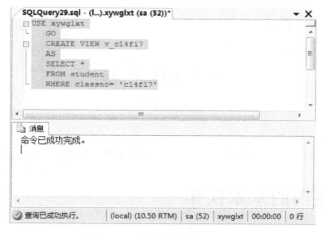

图 5.1.7　创建视图 V_c14f17

第 10 步：创建视图 **V_xxjsx**，要求能够查询信息技术系的学生信息。

下面是具体的程序代码。

```
USE xywglxt
GO
CREATE VIEW V_xxjsx
AS
SELECT dbo.student.sno, dbo.student.sname, dbo.student.ssex,
```

```
dbo.student.sbirthday, dbo.student.sscore, dbo.student.classno
    FROM dbo.student
    INNER JOIN
    dbo.class ON
    dbo.student.classno = dbo.class.classno
    INNER JOIN
    Dbo.professional ON
    dbo.class.pno = dbo.professional.pno
    INNER JOIN
    dbo.department ON
    dbo.professional.deptno = dbo.department.deptno
    WHERE (dbo.department.deptname = '信息技术系')
```

执行上述代码，结果如图 5.1.8 所示。

图 5.1.8　创建视图 V_xxjsx

实操练习

1．写出视图的概念及优点。
2．在数据库中设计 2 个表，利用这 2 个表设计视图，表中字段自己定义。

任务二　视图的基本操作

任务说明

视图定义完成后，如果对其定义不太满意，既可以通过 SQL Server Management Studio 的可视化界面进行修改，也可以使用 ALTER VIEW 语句进行修改。视图的修改包括数据的增加、删除与更新。

任务分析

视图 View_yhy 定义好后，可以像使用数据表一样使用它进行查询。本任务要求使用视图

View_yhy 查询计算机应用技术专业中"电子商务"班的学生信息。

要求将视图 View_yhy 中姓名为"貂蝉"的学生改为"杨贵妃"，这是对数据的更新。由于数据不存储数据实体，实际上的更新操作在源数据表中实施。要完成该任务，可以使用 UPDATE 语句。

对视图进行重命名，视图的名称被定义后，如果要进行修改可以通过 SQL Server Management Studio 的可视化界面进行修改，也可以使用系统存储过程 sp-rename 进行修改。使用系统存储过程 sp-rename 的语法格式如下。

```
sp-rename old-name, new-name
```

视图的删除，当不再需要视图时，可以通过 SQL Server Management Studio 的可视化界面删除，也可以使用 DROP 语句进行删除。DROP 语句的语法格式如下。

```
DROP VIEW view name
```

视图的运用，视图定义完成后，可以运用视图进行数据查询，也可以运用视图进行数据增加、删除或更新。

 实施步骤　　　　　　　　　　　　　　▶▶▶▶▶▶ START

第 1 步：使用视图 View_yhy 查询计算机应用技术专业中"电子商务"班的学生信息。下面是具体的程序代码。

```
USE xywglxt
GO
SELECT *
FROM  View_yhy
WHERE classname= '电子商务'
GO
```

利用视图进行查询时可以将视图当作一个普通的数据表，查询语句 SELECT 的基本格式和数据表查询完全相同，但由于视图 View_yhy 中本来存储的就是计算机应用技术专业的学生信息，因而 WHERE 子句中只需要列出"classname='电子商务'"查询条件。

执行上述代码，结果如图 5.2.1 所示。

图 5.2.1　查询结果

第 2 步：将视图 View_yhy 中姓名为"貂蝉"的学生改为"杨贵妃"。

下面是具体的程序代码。

```
USE xywglxt
GO
UPDATE View_yhy
SET sname= '杨贵妃'
WHERE sname= '貂蝉'
GO
```

执行上述代码，结果如图 5.2.2 所示

图 5.2.2　更新信息

第 3 步：将视图 View_yhy 重命名为 View_yhy1。

下面是具体的程序代码。

```
USE xywglxt
GO
EXEC sp_rename View_yhy1, View_yhy
GO
```

执行上述代码，结果如图 5.2.3 所示。

图 5.2.3　重命名视图

第 4 步：视图的删除。

可以同时删除多个视图，视图之间用逗号隔开。下面是具体的程序代码。

```
USE xywglxt
GO
DROP VIEW V MXS0711
GO
```

第 5 步：利用视图 V_xxjsx 为数据表 student 增加一条记录。

下面是具体的程序代码。

```
USE xywglxt
GO
INSERT INTO V_xxjsx
 (sno,sname,ssex,sbirthday,sscore,classno)
VALUES
 ('c14f1709','男','杨艳', '1993-9-1','654','c14f17')
GO
```

执行上述代码，结果如图 5.2.4 所示。

图 5.2.4　增加一条记录

实操练习

1. 视图的作用是什么？在 View_yhy 中修改记录后，表 student 中的记录有没有发生变化？为什么？

2. 创建 2 个表（字段自己设计），并根据这 2 个表建立视图，使用 ALTER VIEW 语句修改视图。

项目六

校园网数据的高级查询

项目背景

本项目是在数据建立的基础上，完成对数据库中数据的各种高级查询操作。

项目分析

本项目分为 6 个任务完成，分别是统计查询，多表-连接查询，多表-子查询，利用函数进行的查询，函数的自定义，存储过程与触发器。通过本项目的完成，读者要具备对数据进行各种高级查询的能力，以及了解 SQL Server 中的函数及存储过程。

项目目标

【知识目标】

1. 会使用 COUNT、MAX 等聚合函数查询信息，会使用字符串函数来优化查询显示，会使用 GROUP BY 子句对数据进行分类汇总，会使用 HAVING 子句来限定查询结果；

2. 会运用 IN 子查询来查询信息，会运用 EXISTS 子查询来查询信息，理解子查询和连接查询的区别；

3. 能灵活应用连接查询实现多表查询、会创建并调用自定义函数；

4. 理解存储过程及触发器。

【能力目标】

1. 具备数据库高级查询的能力；

2. 具备利用函数进行查询的能力；

3. 具备自定义函数的能力；

4. 具备理解存储过程与触发器的能力。

【情感目标】
1. 培养良好的抗压能力；
2. 培养沟通的能力并通过沟通获取关键信息；
3. 培养团队的合作精神；
4. 培养实现客户利益最大化的理念；
5. 培养事物发展是渐进增长的认知。

任务一　统计查询

 任务说明

1. 聚合函数

（1）含义：聚合函数属于系统内置函数之一，与前面介绍的数学函数、字符串函数等内置函数不同，它能够对一组值执行计算并返回单一的值。聚合函数经常与 SELECT 语句的 GROUP BY 子句一同使用，除 COUNT 函数之外，聚合函数一般忽略空值。

（2）种类：常用的聚合函数有 SUM、AVG、MAX、MIN 和 COUNT 等，具体功能如表 6.1.1 所示。

表6.1.1　聚合函数及其功能

聚 合 函 数	功　　能
AVG	返回组中值的平均值
COUNT	返回组中项目的数量
MAX	返回表达式的最大值
MIN	返回表达式的最小值
SUM	返回表达式中所有值的和
STDEV	返回表达式中所有值的统计标准偏差
VAR	返回表达式中所有值的统计标准方差

（3）基本格式：以 COUNT 为例来解释聚合函数的基本格式。

COUNT（{[ALL|DISTINCT] expression }|*）

 说明

参数主要有 ALL expression、expression、*。

COUNT（*）返回组中项目的数量，这些项目包括 NULL 值和副本。

COUNT（ALL expression）对组中的每一行计算 expression 并返回非空值的数量。

COUNT（DISTINCT expression）对组中的每一行计算 expression 并返回唯一非空值的数量。

2. GROUP BY 子句

（1）含义：GROUP BY 的作用是通过一定的规则将一个数据集划分成若干个小的区域，然后针对若干个小区域进行数据处理。

指定 GROUP BY 时，选择列表中任意非聚合表达式内的所有列都应包含在 GROUP BY 列表中，或者 GROUP BY 表达式必须与选择列表表达式完全匹配。

（2）基本格式：GROUP BY 的语法格式如下。

GROUP BY[ALL]group_by_expression[，…n][WITH（CUBER|ROLLUP）]

说明：参数主要有 ALL、group_by_expression 等。

3．HAVING 子句

HAVING 子句用于在包含 GROUP BY 子句的 SELECT 语句中指定显示哪些分组记录。在 GROUP BY 对记录进行组合之后，显示满足 HAVING 子句条件的 GROUP BY 子句进行分组的任何记录。

HAVING 子句对 GROUP BY 子句设置条件的方式与 WHERE 子句和 SELECT 语句交互的方式类似。WHERE 子句的搜索条件在进行分组操作之前应用，而 HAVING 子句的搜索条件在进行分组操作之后应用。

 **任务分析**

这里主要介绍了几种聚合函数的具体功能及应用，并引入了与之密切相关的 GROUP BY 子句、HAVING 子句等，从而完成数据的统计显示功能。

聚合函数是 SQL 语言中的一类特殊函数，主要包括 SUM、COUNT、MAX、MIN 和 AVG 等。这些函数和其他函数的根本区别是它们一般作用在多条记录上。聚合函数出现在查询语句的 SELECT 子句和 GROUP BY、HAVING 子句中，而在 WHERE 子句中不能使用聚合函数。

使用 GROUP BY 子句可以对查询的结果集进行分组，HAVING 子句的作用是筛选满足条件的分组。本任务主要完成以下查询。

（1）各类职称教师人数的统计。

（2）统计各课程的最高分、最低分和平均成绩。

（3）查询选修 4 门以上（包括 4 门）选修课的学生。

（4）统计各年份出生的学生人数。

（5）查询选修人数在 10 人以下的选修课程。

实施步骤 ▶▶▶▶▶▶▶ **START**

第 1 步：各类职称教师人数的统计。

查询表 teacher。要显示的信息为两列：一列是职称的名称，另一列为该类职称的教师人数。职称列在表中对应的字段为 ttitle，而人数是需要统计的信息，要用到聚合函数 COUNT。

下面是具体的程序代码。

```
USE xywglxt
GO
SELECT ttitle AS 职称, COUNT（*）AS 人数
FROM teacher
GROUP BY ttitle
```

要根据职称来统计教师的人数，就需要用到 GROUP BY 子句，因此可以写出 GROUP BY ttitle。而上面提到的聚合函数应该在 SELECT 子句中出现，根据显示结果可以写为 COUNT（*）AS 人数。

输入代码并执行，结果如图 6.1.1 所示。

图 6.1.1 查询教师人数

第 2 步：统计各课程的最高分、最低分和平均成绩。

统计各课程的最高分、最低分和平均成绩，用到的表为 choice。最后要显示的信息为 4 列，即课程编号、最高分、最低分和平均分。其中最高分、最低分和平均分都不是表中的列，要利用聚合函数 MAX、MIN 和 AVG 来显示。

下面是具体的程序代码。

```
USE xywglxt
GO
SELECT cno AS 课程编号,
MAX（grade）AS 最高分,
MIN（grade）AS 最低分,
AVG（grade）AS 平均分
FROM choice
GROUP BY cno
```

要根据课程编号（cno）统计相关成绩，就需要用到 GROUP BY 子句，因此可以写出 GROUP BY cno。上面提到的聚合函数应该在 SELECT 子句中出现，根据显示结果可以写为 MAX（grade）AS 最高分，MIN（grade）AS 最低分，AVG（grade）AS 平均分，各列以逗号分隔。

输入代码并执行，结果如图 6.1.2 所示。

图 6.1.2 统计结果

第 3 步：查询选修 4 门以上（包括 4 门）选修课的学生。

根据要求，用到的表为 choice。最后要显示学生学号和课程门数，然后将选修课程数量大于等于 4 的学生筛选出来。这样就要用到 GROUP BY 和 HAVING 子句，HAVING 子句可以对分类汇总的结果进行筛选。

下面是具体的程序代码。

```
USE student
GO
SELECT sno AS 学号，COUNT（*）AS 课程门数
FROM choice
GROUP BY sno
HAVING COUNT（*）>=4
```

以上程序代码的功能是统计学生选修的课程，可以用 GROUP BY 子句，这里要根据学生来进行分类统计，因此用 sno 字段跟在 GROUP BY 子句之后。而对结果进行筛选可以写成 HAVING COUNT（*）>=4，这里的聚合函数用于统计课程门数。

输入代码并执行，结果如图 6.1.3 所示。

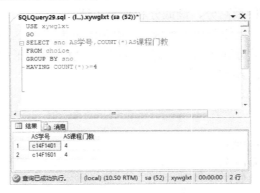

图 6.1.3　查询结果

第 4 步：统计各年份出生的学生人数。

下面是具体的程序代码。

```
USE xywglxt
GO
SELECT   YEAR（sbirthday）as 年份，
         COUNT（*）as 人数
FROM student
GROUP  BY YEAR （sbirthday）
```

输入代码并执行，结果如图 6.1.4 所示。

图 6.1.4　统计各年份出生的学生人数

SELECT 查询语句的基本格式如下。

```
SELECT 列名表
FROM 表名
WHERE 选择条件
GROUP BY 分组条件
[HAVING]表达式
HAVING是可选项
```

HAVING 与 WHERE 相似，用于确定要选择哪些记录。用 GROUP BY 对记录分组之后，HAVING 将确定显示哪些记录。

第 5 步：查询选修人数在 10 人以下的选修课程。

下面是具体的程序代码。

```
USE student
GO
SELECT cno AS 课程编号，COUNT（*）AS 选修人数
FROM choice
GROUP BY cno
HAVING COUNT（*）<10
```

输入代码并执行，结果如图 6.1.5 所示。

图 6.1.5　查询结果

实操练习

1. 根据本项目任务一的数据，按以下条件写出 SQL 语句：查询选修 0101006 课程的学生的最大年龄及最小年龄。

2. 根据本项目任务一的数据，按以下条件写出 SQL 语句：查询平均分前 3 名的学生信息。

3. 练习使用聚合函数 SUM、AVG、MAX、MIN 和 COUNT 等。

任务二　多表-连接查询

任务说明

1. 连接查询

（1）含义：连接查询是关系型数据库中重要的查询类型之一，通过表间的相关字段，可以追踪各个表之间的逻辑关系，从而实现跨表间的查询。

（2）种类：连接查询主要包括内连接、外连接和交叉连接 3 类。

内连接查询列出连接条件匹配的数据行，它使用比较运算符来比较被连接列的列值。外连接返回到查询结果集合中的不但包含符合连接条件的行，还包括左表（左外连接时）、右表（右外连接时）或两个边接表（全外连接）中的任何数据行。交叉连接不带 WHERE 子句，它返回被连接的两个表的任何数据行的笛卡儿积，返回到结果集合中的数据行数等于第一个表中符合查询条件的数据行数乘以第二个表中查询条件的数据行数。

（3）基本格式：连接查询的语法格式如下。

```
SELECT 列名列表
FROM 表A JOIN 表B（ON 连接条件）
 （WHERE 选择条件）
```

这里的 JOIN 是泛指各类连接操作的关键字，具体如表 6.2.1 所示。

表 6.2.1　JOIN 关键字的含义

连 接 类 型	连 接 符 号	备　　注
左外连接	LEFT JOIN	外连接
右外连接	RIGHT JOIN	
全外连接	FULL JOIN	
交叉连接	CROSS JOIN	交叉连接
内连接	INNER JOIN	INNER 可省略

（ON 连接条件）为可选项，如交叉连接就没有该子句。

（WHERE 选择条件）为可选项，交叉连接不包含该字句。

2．内连接

（1）含义：内连接是连接查询的种类之一，也是一种比较常用的多表查询的方法。内连接仅选出两张表中互相匹配的记录。

（2）实现原理：首先将参与的数据表（或连接）中的每列与其他数据表（或连接）的列相匹配，形成临时数据表；然后将满足数据项相等的记录从临时数据表中选择出来。

（3）分类：内连接可以分为等值连接、自然连接和非等值连接 3 类。

等值连接：在连接条件中使用等号（=）运算符比较被连接列的列值，其查询结果中列出被连接表中的任何列，包括其中的重复列。

自然连接：自然连接是等值连接的一种特殊情况，即在连接条件中使用等号（=）运算符比较被连接列的列值，但它使用选择列表指出查询结果集合中所包括的列，并删除连接表中的重复列。

非等值连接：在连接条件中使用除等号（=）运算符以外的其他比较运算符来比较被连接的列的值，这些运算符包括＞、＞=、＜=、＜、！＞、！＜和＜＞。

（4）基本格式：内连接的语句格式如下。

```
SELECT 列名列表
FROM 表A（INNER）JOIN 表B
ON 表A. 字段=表B. 字段
```

说明

INNER 表示此连接类型为内连接，书写时可以省略。

•（=）表示连接条件的通用形式，还有其他连接运算符，包括＞、＞=、＜=、＜、！＞、！＜和＜＞。

3．外连接

在内连接操作中，满足条件的记录能够查询出来，不满足条件的记录不会显示，但外连接中则不然，它将不满足条件的记录的相关值变为空加以显示。外连接有 3 类：左外连接、右外连接和全外连接。

外连接的基本语法格式如下。

```
SELECT 列名列表
FROM 表A LEFT/RIGHT/FULL（OUTER）JOIN 表B
ON 表A．字段=表B．字段
```

说明

OUTER 表示此连接类型为外连接，书写时可以省略。

LEFT/RIGHT/FULL 分别表示左外连接、右外连接和全外连接。

左外连接就是以左表为主表，并与右表中所有满足条件的记录进行连接的操作。右外连接就是以右表为主表，并与左表中所有满足条件的记录进行连接的操作。而全外连接是左外连接和右外连接的一种综合操作。这些连接操作完成后，结果集中不仅包括满足条件的记录，也将不满足主表连接条件的记录的相关值填入了 NULL 值并加以显示。

4．交叉连接

交叉连接将左表作为主表，并与右表中的所有记录进行连接。交叉连接返回的记录行数是两个表行数的乘积，它并没有太多应用价值，但是可以帮助我们理解连接查询的运算过程。

交叉连接的语法格式如下。

```
SELECT 列名列表 FPOM 表 A CROSS JOIN 表 B
```

说明

CROSS JOIN 是表示交叉连接的关键字。

任务分析

本任务主要是运用连接查询来实现多表信息的查询，介绍了最常用的内连接查询的实现方法。在实现内连接查询时，两表必须具有共同的字段，并以此作为连接条件来构建查询。

连接运用符如果为等号，则为等值连接；除此以外的连接运算符（如＞、＞=、＜=、＜、！＞、！＜和＜＞）构建的查询则是非等值连接；自然连接是等值连接的一种特殊形式。

本任务要实现以下操作。

（1）查询杨海艳的所有选修课的成绩。

（2）查询选修了课程编号为"0101001"的课程的学生姓名和成绩。

（3）查询选修了"Photoshop 图形图像处理"课程的学生姓名和成绩，并按成绩降序排列。

（4）使用自然连接列出 professional 和 department 中各系部的专业情况。

（5）将表 department 与表 professional 进行左外连接。

 **实施步骤** >>>>>>> **START**

第 1 步：查询杨海艳的所有选修课的成绩。

根据要求，用到的表为 student 和 choice。最后要显示的信息有两列：一列是课程编号，另一列为课程成绩。虽然这两列表 choice 中都有，但是本任务中要显示的是名字为"杨海艳"的学生的选课信息。

这个问题可以通过将表 student 和表 choice 进行内连接操作来解决，然后筛选满足条件的记录，即姓名为"杨海艳"的学生的选课信息。

具体的代码如下。

```
USE xywglxt
GO
SELECT cno, grade
FROM student INNER JOIN choice
ON student.sno=choice.sno
WHERE sname= '杨海艳'
```

以上代码中涉及的两个表分别是 student 和 choice，因此 FORM 子句应该写成"FROM student INNER JOIN choice"，这表示两个表做连接运算。

另外，由于内连接运算是找出与连接条件匹配的数据行，这里的匹配条件是学生的学号相同，所以可以写为"ON student.so=choice.sno"。SELECT 语句中的其他部分与简单查询相似。

输入代码并执行，结果如图 6.2.1 所示。

图 6.2.1　查询选修课成绩

第 2 步：查询选修了课程编号为"0101001"的课程的学生姓名和成绩。

根据任务要求，用到的表为 student 和 choice。最后要显示的信息为两列：一列是学生姓名，另一列为课程成绩。

这个问题可以通过将表 student 和表 choice 进行内连接来解决，然后筛选出满足条件的记录，即课程编号为 0101001 的课程成绩。

下面是具体的程序代码。

```
USE xywglxt
GO
SELECT sname AS 姓名, grade as 成绩
FROM student INNER JOIN choice
ON student.sno=choice.sno
WHERE cno= '0101001'
```

以上程序代码中涉及的两个表分别是 student 和 choice，因此 FROM 子句应该写成"FROM student INNER JOIN choice"，表示这两个表进行内连接运算。

另外，由于内连接运算要找出与连接条件匹配的数据行，这里的匹配条件是学生的学号相同，所以可以写为"ON student.sno=choice.sno"。

输入代码并执行，结果如图 6.2.2 所示。

图 6.2.2　查询结果

第 3 步：查询选修了"Photoshop 图形图像处理"课程的学生姓名和成绩，并按成绩降序排列。

根据要求，用到的表为 student、choice 和 course。最后要显示的信息为两列：一列是学生姓名，另一列为课程成绩。学生姓名在 student 中，而课程成绩在 choice 中。

这个问题可以通过将 student、choice 和 course 进行内连接来解决，然后筛选出满足条件的记录，即课程名称为"Photoshop 图形图像处理"的成绩。

下面是具体的程序代码。

```
USE xywglxt
GO
SELECT A.sname AS 姓名，B.grade AS 成绩
FROM student AS A JOIN choice AS B
ON A.sno=B.sno
     JOIN course AS C
     ON B.cno=C.cno
WHERE C.cname= 'Photoshop图形图像处理'
ORDER BY B.grade DESC
```

以上程序代码中涉及的 3 个表分别是 student、choice 和 course。因此 FROM 子句前半句应该写为"FROM student JOIN choice ON 连接条件 1"，这表示前两个表做连接运算；而 FROM 子句后半句则可以写为"JOIN course ON 连接条件 2"，这表示后两个表进行连接运算。

另外，由于内连接运算是找出与连接条件匹配的数据行，这里的"连接条件 1"就是学生的学号相同，所以 ON 子句可以写为"ON student.sno=choice.sno"；而"连接条件 2"就是课程

编号相同，所以 ON 子句可以写为 "ON course.cno=choice.cno"。

输入代码并执行，结果如图 6.2.3 所示。

图 6.2.3　选修某课程的学生信息

第 4 步：使用自然连接列出 professional 和 department 中各系部的专业情况。

以下是具体的程序代码。

```
USE xywglxt
GO
SELECT*
FROM professional AS A JOIN department AS B
ON A.deptno=B.deptno
```

输入代码并执行，结果如图 6.2.4 所示。

图 6.2.4　专业情况查询结果

第 5 步：将表 department 与表 professional 进行交叉连接。

下面是具体的程序代码。

```
USE xywglxt
GO
SELECT  *
```

> FROM department CROSS JOIN professional

输入代码并执行，结果如图 6.2.5 所示。

图 6.2.5　交叉连接

运行后共产生 50 条记录，依次包括 deptno、deptname、pno、pname 和 deptno 等五个字段。具体过程如下：从 department 中取出第一条记录与 professional 中的第一条记录拼接，变为查询结果的第一条记录。将 department 中取出的第一条记录与 professional 中的第二条记录拼接，变为查询结果的第二条记录。依次将 department 中取出的第一条记录与 professional 中的所有记录拼接，直到所有记录拼接完成。

实操练习

1．根据本任务中数据，按以下条件写出 SQL 语句：查询所有学生所修课程的成绩。

2．根据本任务中数据，按以下条件写出 SQL 语句：查询选择了 0101006 课程的所有学生的成绩，要求含学生姓名与课程名称字段。

任务三　多表-子查询

任务说明

1．子查询

子查询也称为内部查询，而包含子查询的语句也称为外部查询或父查询。子查询是一个 SELECT 语句，它镶嵌在 SELECT 语句、SELECT…INTO 语句、INSERT…INTO 语句、DEKETE 语句、UPDATE 语句或另一子查询中。

子查询的 SELECT 查询要使用圆括号括起来，它不能包含 COMPUTE 或者 FOR BROWSE 子句，如果同时指定了 TOP 子句，则只能包含 ORDER BY 子句。

2．子查询的实现过程

以"查询选修课考试不及格的学生的学号和姓名"为例来理解子查询的完成过程。在这个查询中涉及的两个表分别是 choice 和 student，首先，要查出 choice 中不及格学生的学号信息，即"SELECT sno FROM choice WGERE grade＜60"。

然后根据这个查询结果中的学号找出 student 中对应的学生的姓名，但由于子查询的结果不是一个学号，因此父查询中的 WHERE 子句中要用 IN，即父查询执行的语句为"SELECT sno，sname FROM student WHERE sno IN（0601011110，c14f1701，c14f1708）"。

3．子查询的分类

（1）带有比较运算符的子查询：子查询的结果是一个单一的值。常用的比较运算符包括＞，＞=，＜=，＜，！＜和＜＞等。

（2）ANY 或 ALL 子查询：如果子查询返回的值不是单一的值而是一个结果集，则可以使用带有 ANY 或 ALL 的子查询，但是运用该类查询时必须同时使用比较运算符。

ANY 表示父查询与子查询结果中的某个值进行比较运算，而 ALL 表示父查询与子查询结果中的所有值进行比较运算。

（3）IN/NOT IN 子查询：带有 IN/NOT IN 的子查询的结果是一个结果集，而非一个单一的值。例如，查询结果不及格的学生的学号，这里的学生学号很可能是一个学号的集合，而非单一的值。

（4）EXISTS/NOT EXISTS 子查询：在带有 EXISTS 的子查询中，子查询不返回任何结果，只产生逻辑真值或逻辑假值。若子查询的结果集不为空，则 EXISTS 返回 True，否则返回 False。EXISTS 可以与 NOT 结合使用，即 NOT EXISTS，其返回值与 EXISTS 刚好相反。

由于带有 EXISTS 的查询只返回逻辑值，因此由它引出的子查询中给出的列名列表没有实际意义，一般用"＊"作为目标列。

4．子查询的语法格式

```
IN子查询的基本格式
SELECT列明列表
FROM表A
WHERE 字段A  IN
      （SELECT字段A
      FROM表B
      WHERE条件表达式）
```

说明

① 这里的表 A 和表 B 可以是同一个表。

② 字段 A 是两个表中的同名字段。

③ 嵌套的层次不是只能为两层。

④ EXISTS 子查询的条件

任务分析

本任务主要实现以下操作。

（1）查询和"杨海艳"同班的学生信息。

（2）查询比"c14f17"班学生的入学成绩都高的其他班的学生学号和姓名。

（3）查询选修课考试成绩不及格的学生的学号和姓名。

（4）查询选修了课程编号为"0101001"的课程的学生学号和姓名。

（5）查询选修了课程编号为"0102001"的课程，且成绩高于该课程平均分的学生的学号。

（6）查询比"c14f17"班某生入学成绩高的其他班的学生的学号和姓名。

 实施步骤 ▶▶▶▶▶▶ START

第 1 步：查询和"杨海艳"同班的学生信息

根据任务要求，用到的表为 student，要显示的信息为与"杨海艳"同班的学生的所有信息。

首先查出杨海艳所在班级的编号，然后以班级编号作为查询条件找出该班所有学生的信息。子查询的本质就是嵌套查询，内层查询的结果作为外层查询的条件。

下面是具体的程序代码。

```
USE xywglxt
GO
SELECT  *
FROM student
WHERE classno =(SELECT classno
                FROM student
                WHERE sname= '杨海艳')
```

内层查询"SELECT classno FROM student WHERE sname='杨海艳'"是前面已经介绍过的简单查询语句，该语句可以查询出杨海艳所在班级的编号。外层查询是一个嵌套查询，这里的WHERE 条件语句为"WHERE classno =子查询"，这里的子查询其实指的是子查询的结果。程序执行时，先运算子查询，并将其结果代入父查询，变为"SELECT *FROM student WHERE classno =-'c14f17'"。

输入代码并执行，结果如图 6.3.1 所示。

图 6.3.1　查询同班同学信息

第 2 步：查询比"c14f17"班学生的入学成绩都高的其他班的学生学号和姓名。

根据任务要求，此查询要用到的数据表为 student，要显示的信息为 3 列，分别是学生的学号、姓名和班级编号。

解决这个问题可以利用 ALL 子查询，首先从 student 中找出"c14f17"班的所有学生的入学成绩，然后将此作为父查询的条件，从表 student 中找出比该班所有学生的入学成绩都高并不在该班的学生的信息。

下面是具体的程序代码。

```
USE xywglxt
GO
SELECT sno, sname, classno
FROM student
WHERE sscore> ALL (SELECT sscore
                   FROM student
                   WHERE classno='c14f17')
      AND classno<>'c14f17'
```

由于子查询"SFLECT sscore FROM student WHERE classno ='c14f17'"查出的学生的成绩并非单一的值，而是入学成绩的集合，因此在构建父查询的连接条件时不能仅使用大于号，还要在大于号后加上 ALL，表示查询到的学生的入学成绩大于"c14f17"班中的所有学生的入学成绩，即 WHERE sscore>ALL（子查询）。

输入代码并执行，结果如图 6.3.2 所示。

图 6.3.2　查询结果

第 3 步：查询选修课考试成绩不及格的学生的学号和姓名。

根据任务要求，此查询用到的表为 student 和 choice，要显示的信息为两列：一列是学生学号，另一列为学生姓名。

解决这个问题可以利用子查询，首先从 choice 中找出考试成绩不及格的学生的学号，然后将此作为父查询的条件，从表 student 中找出学生的姓名。

下面是具体的程序代码。

```
USE xywglxt
GO
SELECT sno,sname
FROM student
WHERE sno IN (SELECT sno
              FROM choice
              where grade < 60)
```

考试成绩不及格的条件语句可以写为"WHERE grade<60"，不难发现查询的结果不是一个学生；因此写查询条件的连接运算符时要改为 IN，而不能仅用等号（=），即使用 WHERE sno IN（子查询）。

输入代码并执行，结果如图 6.3.3 所示。

图 6.3.3　成绩不及格的学生记录

第 4 步：查询选修了课程编号为"0101001"的课程的学生学号和姓名。

根据任务要求，此查询要用到的表为 student 和 choice，要显示的信息为两列：一列是学号，另一列为姓名。

解决这个问题既可以使用连接查询，也可以使用 IN 子查询，这里选用 EXISTS 子查询。下面是具体的程序代码。

```
USE xywglxt
GO
SELECT sno,sname
FROM student
WHERE EXISTS
    （SELECT*
    FROM choice
    WHERE student.sno=choice.sno AND cno='0101001')
```

EXISTS 子查询的实现要在子查询中将连接条件书写出来，即子查询的条件语句写为"WHERE student.sno=choice.sno AND cno='0101001'"，连接是通过字段 sno 实现的。父查询中条件语句比较简单，写为"WHERE EXISTS"即可。

输入代码并执行，结果如图 6.3.4 所示。

图 6.3.4　选修课程查询结果

第 5 步：查询选修了课程编号为"0102001"的课程，且成绩高于该课程平均分的学生的学号。

下面是具体的程序代码。

```
USE xywglxt
  GO
SELECT sno
FROM choice
WHERE grade>
     (SELECT AVG (grade)
     FROM choice
     WHERE cno='0101001')
     AND cno='0101001'
```

输入代码并执行，结果如图 6.3.5 所示。

图 6.3.5　查询结果

第 6 步：查询比"c14f17"班某生入学成绩高的其他班的学生的学号和姓名。

下面是具体的程序代码。

```
USE xywglxt
  GO
    SELECT sno,sname,classno
    FROM student
    WHERE sscore>ANY (SELECT sscore
         FROM student
         WHERE classno='c14f17')
  AND classno<>'c14f17'
```

输入代码并执行，结果如图 6.3.6 所示。

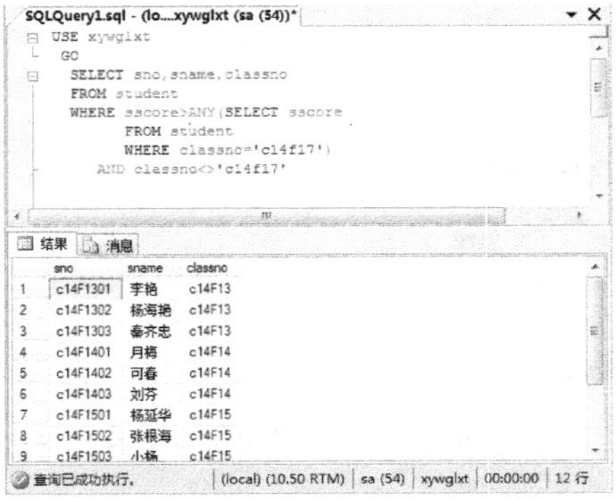

图 6.3.6　比某生成绩高的学生信息

实操练习

1．简述子查询的概念及分类。
2．简述子查询、连接查询的区别和联系。

任务四 利用函数进行的查询

任务说明

1．数据库中函数的含义及格式

SQL Server 中的函数与其他程序设计语言中的函数类似，具有特定的功能，其目的是给用户提供方便。它一般包含函数名、输入及输出参数。

例如，ABS 函数的格式为 ABS<数值表达式>，它的功能是返回给定数值表达式的绝对值。

2．函数的种类

函数可以由系统提供，也可以由用户根据需要进行创建。

（1）系统函数：也称系统内置函数，它是 SQL Server 2008 直接提供给用户使用的。一般又可以分为标量函数（包括数字函数、字符串函数和日期时间函数等）和聚合函数。

（2）用户自定义函数：用户为了实现某项特殊功能而自己创建的，用来补充和扩展内置函数。

3．常用系统函数

根据系统函数处理对象的不同，可以分为数字函数、字符串函数和日期时间型函数等。

（1）数字函数：能对数字表达式进行数学运算，并将结果返回给用户。数字函数可以对数据类型为整型（integer）、实型（real）、浮点型（float）、货币型（money 和 smallmoney）的列进行操作。

（2）字符串函数：可以实现字符串的查找、转换等，它主要作用于 char、varchar、binary 和 varbinary 数据类型，以及可以隐式转换为 char 或 varchar 的数据类型。常用的字符串函数及其功能如表 6.4.1 所示。

表 6.4.1 字符串函数及其功能

函 数 名 称	函 数 功 能
ASCII	返回第一个字符的 ASCII 值
CHAR	将 ASCII 码的整数值转换为字符值
CHARINDEX	返回一个字符串在另外一个字符串中的起始位置
LEFT	返回字符串从左起指定字符数的一部分字符串
RIGHT	返回字符串从右起指定字符数的一部分字符串
LEN	返回字符串表达式的字符个数，不包括最后一个字符后面的任何空格（尾部空格）
LOWER	返回字符表达式的小写形式
UPPER	返回字符表达式的大写形式
LTRIM	去除字符左边的空格
RTRIM	去除字符右边的空格
REPLACE	用于替换某个字符串中的一个指定字符串的所有示例，并将它替换为新的字符串

续表

函 数 名 称	函 数 功 能
REPLICATE	将某个字符表达式重复指定次数
REVERSE	接收一个字符表达式并且以逆序形式输出表达式
SPACE	根据输入参数指定的整数值返回重复空格的字符串
STR	将数值数据转换为字符数据
SUBSTRING	返回某个表达式中定义的一部分

（3）日期时间函数：用来对日期和时间进行转换，并返回一个字符串、数值或日期和时间值。常见的日期时间函数及功能如表 6.4.2 所示。

表 6.4.2　常用日期时间函数及其功能

函 数 名 称	函 数 功 能
GETDATE( )	返回系统目前的日期与时间
DATEDIFF（interval，date1，date2）	以 interval 指定的方式，返回 date2 与 date1 两个日期之间的差值
DATEADD（interval，number，date）	以 interval 指定的方式，返回加上 number 之后的日期
DATERAPT（interval，date）	返回日期 date 中 interval 指定部分所对应的整数值
DATENAME（interval，date）	返回日期 date 中 interval 指定部分所对应的字符串名称

参数如表 6.4.3 所示。

表 6.4.3　interval 的常用值

值	SQL Server 中的缩写形式	说　明
year	Yy	年，1753～9999
quarter	Qq	季，1～4
month	Mm	月，1～12
day of year	Dy	一年的日数，一年中第几日，1～366
day	Dd	日，1～31
weekday	Dw	一周的日数，一周中的第几日 1～7
week	Wk	周，一年中第几周 0～51
hour	Hh	时，0～23
minute	Mi	分钟，0～59
second	Ss	秒，0～59
millisecond	Ms	毫秒，0～999

任务分析

本任务使用函数进行数据信息的查询，可以利用系统内置的函数，如日期时间函数、字符串函数对数据表中的信息进行查询，也可以使用用户自定义的函数进行特定任务的查询，实现特殊查询。

实施步骤 ▶▶▶▶▶▶ START

第 1 步：查找"杨"姓同学的信息，可以使用前面已经介绍的模糊查询来实现。

要求使用 SQL Server 中的字符串函数 LEFT 来查找"杨"姓学生的信息，要求将查询的结果格式化为"1988 年 8 月"的形式，直接在 SELECT 子句中罗列字段 sbirthday 无法实现这样的显示效果，要用到日期时间函数 YEAR 及字符串函数 STR、LTRIM 等。

下面是具体的程序代码。

```
USE xywglxt
GO
SELECT sname AS 姓名,
    STR(YEAR(sbirthday))+'年'
    +LTRIM(STR(MONTH(sbirthday)))+'月' AS 出生年月
FROM student
WHERE LEFT(sname,1)='杨'
GO
```

程序中使用了多种函数。其中 YEAR 可以提取日期时间型数据的年份，但由于返回的值是数值型，因此需要通过 STR 函数转换成字符串。同样的道理，MONTH 提取出的月份也要经过 STR 函数转换为字符串。LTRIM 也是一种字符函数，它的作用是去除字符串中左边的空格。例如，"ABC"本来左边有空格，使用 LTRIM 函数后就变为"ABC"。"+"是字符串的连接运算符，可以将多个字符串连接起来。LEFT（字符型表达式，整型表达式）函数返回字符串中从左边开始指定个数的字符，这里可以用来查询"杨"姓学生，它的作用等价于使用通配符"杨%"。

执行上述代码，如图 6.4.1 所示。

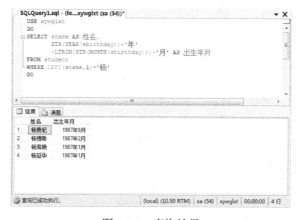

图 6.4.1　查询结果

第 2 步：创建自定义函数 yhy，该函数可以根据输入的班级编号返回该班学生的学号、姓名、性别和出生日期。

除了系统函数外，用户还可以根据需要自定义函数，并且调用自定义函数。这个任务主要是完成一个用户自定义函数的创建，函数的主要功能是根据输入的班级编号显示学生表中该班级编号对应的班级学生的学号、姓名、性别、出生日期。这里使用 CREATE FUNCTION 命令来创建用户自定义函数。

下面是具体的程序代码。

```
USE xywglxt
GO
CREATE FUNCTION yhy (@cs char (8) ) RETURNS table
AS RETURN
SELECT sno 学号,sname 姓名,ssex 性别,sbirthday 出生日期
FROM student
WHERE classno=@cs
GO
SELECT  *
FROM dbo.yhy ('c14f17')
```

CREATE FUNCTION 是创建自定义函数的关键字，其后是自定义函数的名称 yhy。@cs 是函数的输入参数，RETURNS table 说明函数将返回一个数据表。SELECT 语句是函数的一部分，是对具体返回数据表的定义，其中"WHERE classno=@cs"表示根据函数输入参数的值来筛选记录。后面的 SELECT 语句则是对定义的函数 yhy 进行调用。

执行上述代码，结果如图 6.4.2 所示。

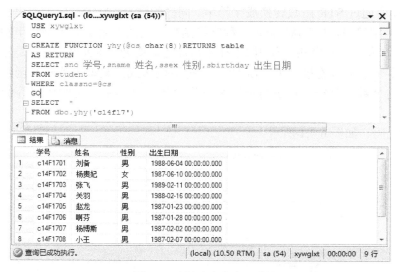

图 6.4.2　创建自定义函数

第 3 步：使用 ABS 函数。

下面是具体的程序代码。

```
SELECT ABS (-1),ABS (1)
```

执行上述代码，结果如图 6.4.3 所示。

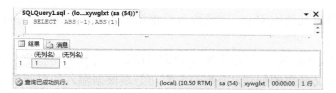

图 6.4.3　使用 ABS 函数

第 4 步：使用 ROUND 函数。

下面是具体的程序代码。

```
SELECT ROUND (1.12,1),ROUND (-1.18, 1),ROUND (-1.18, 0)
```

执行上述代码，结果如图 6.4.4 所示。

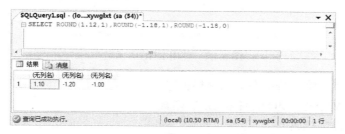

图 6.4.4　使用 ROUND 函数

第 5 步：使用 LEN 函数。

下面是具体的程序代码。

```
SELECT LEN ('ABCD')
```

执行上述代码，结果如图 6.4.5 所示。

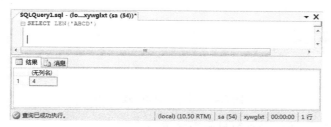

图 6.4.5　使用 LEN 函数

第 6 步：使用 REPLACE 函数。

下面是具体的程序代码。

```
SELECT REPLACE ('CHINA','A','ESE')
```

执行上述代码，结果如图 6.4.6 所示。

图 6.4.6　使用 REPLACE 函数

这个函数的功能是将 CHINA 中的字符 A 替换为 ESE。

第 7 步：使用 LTRIM 函数。

下面是具体的程序代码。

```
SELECT LTRIM ('CHINA')
```

执行上述代码，结果如图 6.4.7 所示。

图 6.4.7　使用 LTRIM 函数

这个函数的功能是将字符串左边的空格去除。

第 8 步：使用 YEAR、MONTH 和 DAY 函数。

下面是具体的程序代码。

```
SELECT STR（YEAR（'2014-10-1'））+'年'
       +STR（MONTH（'2014-10-1'））+'月'
       +STR（DAY（'2014-10-1'））+'日'
```

执行上述代码，结果如图 6.4.8 所示。

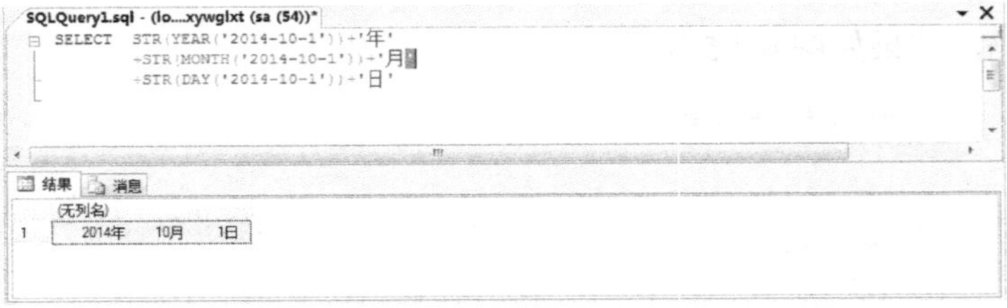

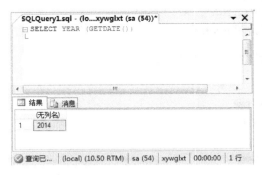

图 6.4.8　日期时间函数的使用

第 9 步：使用 GETDATE( )函数显示当前年份。

下面是具体的程序代码。

```
SELECT YEAR（GETDATE（））
```

执行上述代码，结果如图 6.4.9 所示。

图 6.4.9　显示当前年份

实操练习

根据本任务的数据，按以下条件分别写出其 SQL 语句。

（1）查询所有 1980 年后包括 1980 年出生的教师的信息。

（2）查询职称为讲师，并且年龄为 30～40 的男教师的编号、姓名和年龄。

（3）查询年纪最大的 3 位教授的信息。

（4）查询 07010212、07010211 和 06010111 三个班级的男生信息。

任务五　自定义函数

 **任务说明**

1．数据库中的用户自定义函数

（1）含义：用户自定义函数是用户为了实现某项特殊的功能自己创建的函数，用来补充和扩展内置函数。

（2）自定义函数的种类。

① 标量函数：和系统内置标量函数类似，返回单个数值。如本项目任务一中定义的函数 yhy 就属于标量函数，它返回课程的等级。

② 内嵌表值函数：与标量函数不同，内嵌表值函数返回的结果是表，该表是由单个 SELECT 语句形成的，它可以用来实现带参数的视图的功能。

③ 多语句表值函数：和内嵌表值函数类似，多语句表值函数返回的结果也是表。它们的区别在于输出参数后的类型是否带有数据类型说明，如果有则是多语句表值函数。

（3）自定义函数的基本操作。

① 自定义函数的创建：使用 CREATE FUNCTION 语句创建自定义函数的语法格式如下。

```
CREATE FUNVTION[ owner_name.] function_name
  ( [ { @parameter_name [AS] scalar_parameter_data_type [= default ] } [
,…n] ] )
RETURNS  scalar_return_data_type
[ WITH<FUNCTIONN_OPTION>[ [ ,] ... N] ]
[AS]
BEGIN
Function_body
RETURN SCALAR_expression
END
```

参数具体含义如表 6.5.1 所示。

表 6.5.1　参数及其含义

参 数 名 称	含　义
owner-name	拥有该用户自定义函数的用户 ID 的名称
function_name	用户自定义函数的名称，在数据库中必须唯一
@parameter_name	用户自定义函数的参数，可以声明一个或者多个参数
scalar_parameter_date_type	参数的数据类型，不支持用户定义的数据类型
scalar_return_data_type	标量用户自定义函数的返回值
function_body	指定一系列 T-SQL 语句定义的值
scalar_expression	指定标量函数返回的标量值

② 自定义函数的修改：使用 ALTER FUNCTION 语句修改自定义函数的语法格式如下。

```
ALTER FUNCTION [ owner_name. ]function_name
```

```
    ( [ {@parameter_name[AS] scalar_parameter_data_type c[ = default ] } [
, ... n ] ]
RETURNS scalar_return_data_type
[WiTH< function_option> [ [ , ] ... ] ]
[AS]
BEGIN
    function_body
    REtURN scalar_expression
END
```

其中函数含义与创建自定义函数的 CREATE FUNCTION 语句相同。

③ 自定义函数的删除：使用 DROP FUNCTION 语句删除自定义函数的语法格式如下。

```
DROP FUNCTION { [OWNER_NAME . ] FUNCTION_NAME } [ , ... n ]
```

✔说明

① 使用该语句可以一次删除多个自定义函数。

② function_指定要删除多个自定义的函数。

③ n 表示可以指定多个用户自定义函数的占位符。

2．程序中的流程控制语句

（1）BEGIN...END 语句块。

① 功能：如果两个或者两个以上的 SQL 语句要作为一个单元来执行，则要用 BEGIN...
END 语句，这些语句称为语句块。

② 语法格式：

```
BEGIN
语句1
语句2
......
语句N
END
```

（2）IF...ELSE 语句。

① 功能：IF...ELSE 语句可以使程序根据条件产生不同的程序分支，从而实现不同的功能。

② 语法格式：

```
iF <条件表达式>
语句1
ELSE<条件表达式>
语句2
```

✔说明

① ELSE 子句为可选项。

② 如果条件表达式的值为 True，则执行语句 1；否则，执行语句 2 。

③ IF... ELSE 语句可以嵌套使用。

（3）CASE 语句。

① 功能：CASE 语句可以使程序根据条件产生多个程序分支，从而实现不同的功能。但是它不能单独使用，只能作为一个可以单独执行的语句的一部分。

② 语法格式（标准格式）：

```
CASE<条件表达格式>
    WHEN 结果1 THEN 语句1
    [WHEN 结果2 THEN 语句2]
    [……]
    [ELSE 语句N]
END
```

说明

① WHEN、ELSE 子句为可选项。

② 如果条件表达式的值与结果 1 相符，则执行语句 1；如果条件表达式的值与结果 2 相符，则执行语句 2；以此类推，如果条件表达式的值与所有的结果均不符，则执行 ELSE 语句中的语句 N。

任务分析

本任务主要介绍了利用用户自定义函数实现带参数查询的方法，以及 SQL 程序设计中的一些常用流程控制语句的书写格式和用途。

函数是 SQL 编程中的基本元素之一，系统中除了提供已经定义的函数之外，也可以允许用户根据自己的需要创建函数。自定义函数可以分为标量函数、内嵌表值函数和多语句表值函数 3 种。

流程控制语句用来控制程序的执行和分支，它可以使程序更有结构性和逻辑性，主要包括 BEGIN…END、IF…ELSE 和 CASE 语句等。

本任务主要实现以下操作。

（1）创建并调用用户自定义函数（标量函数）。

（2）修改自定义函数的功能。

（3）创建并调用用户自定义函数（内嵌表值函数）。

实施步骤　　　　　　　　　　　　　　　　　　　　　　▶▶▶▶▶▶▶ START

第 1 步：创建并调用用户自定义函数（标量函数）。

SQL Server 中的用户除了可以调用系统函数外，也可以根据需要创建函数。用户自定义函数有 3 种类型：标量函数、内嵌表值函数和多语句表值函数。此任务要求在数据库中创建一个用户自定义函数 yhy，该标量函数通过输入成绩来判断是否通过课程考试。此函数的主要功能是将数值型的输入参数转换为字符型的值并输出。如果函数接收的输入参数大于或者等于 60，则返回信息"通过"；如果输入参数小于 60，则返回信息"未通过"。

运用这个函数查询验证函数的功能，如可以查询某生（如杨海艳）所有选修课的通过情况，即要求输出两列，分别为选修的课程编号和通过情况。

下面是具体的程序代码。

```
USE xywglxt
GO
CREATE FUNCTION dbo.yhy (@inputcj int) RETURNS varchar (10)
AS
BEGIN
DECLARE @restr varchar (10)
IF   @inputcj<60
    SET @restr= '未通过'
ELSE
    SET @restr= '通过'
    RETURN @restr
END
GO
SELECT cno AS课程编号, dbo.yhy (grade) AS是否通过
FROM choice INNER JOIN student
  ON choice.sno=student.sno
  WHERE sname= '杨海艳'
```

以上程序中，分为两部分：自定义函数的定义和调用。

在第一部分首先用 CREATE FUNCTION 关键字创建了一个名为 yhy 的自定义函数，并且分别定义了输入参数@inputcj 和输出参数的返回类型 varchar（10）。函数的主体部分是 BEGIN...END 程序段，其中用 DECLARE 定义了一个局部变量@restr，它的类型和函数返回值的类型一致。然后是一组由 IF...ELSE 语句组成的程序判断，并且根据输入参数的值，使用 SET 语句对局部变量@restr 进行赋值。

第二部分使用查询来调用参数，并验证函数的功能。这里函数的调用与系统的内置函数类似，dbo.yhy（grade）中 grade 作为输入参数。此外，查询信息时由于涉及两个表，因此使用了连接操作。

输入代码并执行，结果如图 6.5.1 所示。

图 6.5.1 创建自定义函数

第 2 步：修改自定义函数的功能。

要求使用 ALTER FUNCTION 语句修改已创建的自定义函数 yhy 的功能，使其能根据输入的成绩返回课程的等级，而不是课程的通过情况。具体等级获得的条件如表 6.5.2 所示。

表 6.5.2　课程等级判断条件

输　入　成　绩	等　　级
90 以上（包括 90）	优秀
80～90（包括 80）	良好
70～80（包括 70）	中等
60～70（包括 60）	及格
50～60（包括 50）	不及格

运用这个函数进行查询，如果可以查询学生（如杨海艳）所有选修课程所获等级情况，则要求输出两列，分别为选修课的课程编号和等级。

下面是具体的程序代码。

```
USE xywglxt
GO
ALTER FUNCTION yhy (@inputcj int) RETURNS varchar (10)
AS
BEGIN
  DECLARE @restr varchar (10)
  SET @restr=
  CASE
    WHEN @inputcj>=90 THEN '优秀'
    WHEN @inputcj>=80 THEN '良好'
    WHEN @inputcj>=70 THEN '中等'
    WHEN @inputcj>=60 THEN '及格'
  ELSE
    '不及格'
END
RETURN @restr
END
GO
SELECT cno AS 课程代号, dbo.yhy (grade) AS 是否通过
FROM choice INNER JOIN student
ON choice.sno=student.sno
Where sname='杨海艳'
```

程序分为两部分：自定义函数的修改和调用。

在第一部分首先用 ALTER FUNCTION 关键字修改名称为 yhy 的自定义函数，函数的主体部分是 BEGIN…END 程序段。修改的重点是将原来的等级细化，分为"优秀""良好""中等""及格"和"不及格"。因此这里用 CASE…ELSE 多分支语句来实现程序判断，根据输入的值，用 SET 语句对局部变量 @restr 进行赋值。

第二部分使用查询来调用函数，并验证函数的功能。这里函数的调用与系统内置函数类似，dbo.yhy（grade）中 grade 作为输入参数。

输入代码并执行，结果如图 6.5.2 所示。

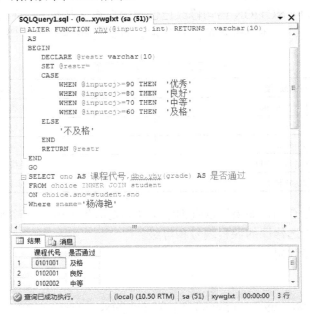

图 6.5.2　修改自定义函数的功能

第 3 步：创建并调用用户自定义函数（内嵌函数 xyw-cj）。

要在数据库中创建一个用户自定义函数 xyw-cj，该函数可以根据输入的学生姓名返回该生选修课程的成绩和等级。程序的主体部分由多表查询构成，要用到表 student、choice 和 course。

另外，函数的最后要能显示课程的等级，这就需要在此函数中调用前面已经修改好的自定义函数 yhy。

下面是具体的程序代码。

```
USE xywglxt
GO
CREATE FUNCTION dbo.xyw_cj（@sname char（10））RETURNS TABLE
AS
RETURN
    （SELECT cname AS 课程名，grade AS 成绩，dbo.dj（grade）AS等级
    FROM choice INNER JOIN student
    ON choice.sno=student.sno
    INNER JOIN  course
    ON choice.cno=course.cno
    WHERE student.sname=@sname）
GO
SELECT *
FROM xyw_cj（'杨海艳'）
```

程序分为两部分：自定义函数的创建和调用。在第一部分用 CREATE FUNCTION 关键字创建了名为 xyw_cj 的自定义函数，并且定义了输入参数@sname 以接收学生的姓名。同时定义输出参数的返回类型为 TABLE，这是一种比较特殊的函数类别，后面还会对其相关内容进行详细介绍。函数的主体部分是括号中的程序段，主要是一个用连接查询实现的多表查询。

值得一提的是，这里的 SELECT 子句的条件中运用了输入参数@sname，而不是某个具体的学生姓名。

第二部分使用查询来调用函数，并验证函数的功能。由于这里的内嵌表值函数的返回值是一个表，因此该函数的调用出现在 FROM 子句中，可以理解为一个特殊的表。

输入代码并执行，结果如图 6.5.3 所示。

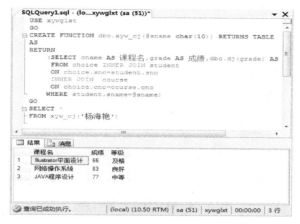

图 6.5.3　创建并调用用户自定义函数

第 4 步：使用 IF...ELSE 语句修改自定义函数 yhy，该函数通过输入成绩来判断课程等级的情况。

下面是具体的程序代码。

```
USE xywglxt
GO
ALTER FUNCTION dbo.yhy（@inputcj  int）RETURNS varchar（10）
AS
BEGIN
  DECLARE @restr varchar（10）
iF  @inputcj>=90
  SET @restr= '优秀'
ELSE iF @inputcj<90 AND @inputcj>=80
  SET @restr= '良好'
ELSE IF @inputcj<80 AND @inputcj>=70
  SET @restr= '中等'
ELSE IF @inputcj<70 AND @inputcj>=60
  SET @restr= '及格'
ELSE
SET @restr='不及格'
  RETURN @restr
END
GO
SELECT cno AS课程编码，dbo.yhy（grade） AS等级
FROM choice INNER JOIN student
ON choice. sno=student.sno
WHERE sname='杨海艳'
```

代码执行后的结果如图 6.5.4 所示。

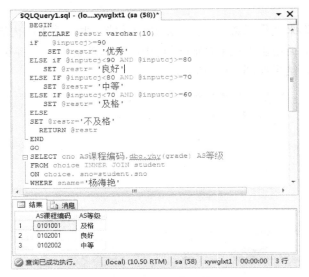

图 6.5.4　修改自定义函数 yhy

第 5 步：删除已经创建的函数 xyw_cj，如图 6.5.5 所示。

下面是具体的程序代码。

```
DROP FUNCTION dbo.xyw_cjl
```

图 6.5.5　删除函数

至此任务全部完成。

实操练习

1．自定义函数有什么好处？

2．理解自定义函数的语句格式。

3．编写一个自定义函数，要求输入学生姓名后，返回学生所有课程的成绩及平均分。

任务六　存储过程与触发器

任务说明

1．存储过程

（1）存储过程：一种重要的数据库对象，为了实现某种特定功能而将一组预编译的 SQL 语句以存储单元的形式存储在服务器中，供用户调用。存储过程的使用可以提高代码的执行效率。存储过程可以实现多种功能，既可以查询表中的数据，又可以向表中添加记录、修改记录和删除记录，还可以实现复杂的数据处理。

（2）存储过程分类：存储过程可以分为系统存储过程、用户自定义存储过程和扩展存储过程。SQL Server 中提供了大量的系统存储过程（以 sp_ 为前缀），主要用来收集系统信息和维护数据库实例。而用户自定义存储过程是用户根据需要，为完成某个特定的功能自行设计的 SQL 代码的集合。扩展存储过程以 xp_ 为前缀，是关系数据库引擎的开放式数据服务层的一部分，可以使用用户在动态链接库文件所包含的函数中实现逻辑。

2．存储过程的基本操作

（1）存储过程的创建：使用 CREATE PROCEDURE 语句创建存储过程的语法格式如下。

```
CREATE PROC [EDURE] procedure_name [; numeber]
[{@parameeter data _type}
[VARYINE]  [=default]  [OUTPUT]
][,...]
[WITH
{RECOMPILE | ENCRYPTION | RECOMPILE.ENCRYPTION}]
[FOR REPLICATION]
AS sq_statement [...n]
```

参数具体含义如表 6.6.1 所示。

表 6.6.1　CREATE PROCEDURE 语句中参数的含义

参 数 名 称	含　义
procedure_name	新存储过程的名称
; number	可选的整数，用来对同名的过程分组
@parameter	过程中的参数，可以声明一个或多个参数
data_type	参数的数据类型
VARYING	指定作为输出参数支持的结果集
default	参数的默认值
OUTPUT	表明参数是返回参数
RECOMPILE	表明 SQL Server 加密 syscomments 表中包含 CREATE PROCEDURE 语句文本的条目
FOR REPLICATION	指定不能在订阅服务器中执行复制创建的存储过程
AS	指定过程要执行的操作
Sql_statement	过程中要包含的任意数目和类型的 T-SQL 语句
n	表示此过程可以包含多条 T-SQL 语句的占位符

（2）存储过程的修改：使用 ALTER PROCEDURE 语句修改存储过程的语法格式如下。

```
ALTER PROC[EDURE]procedure_name[;number]
[{@parameter data_type}
[VARYING][=default][OUTPUT]][,...n]
[WITH
{RECOMPLICATION | ENCRYPTION | RECOMPILE, ENCRYPTION}]
[FOR REPLICATION]
AS sql_statement[...N]
```

其中，各个参数与创建存储过程的参数意义相同。

（3）存储过程的删除：使用 DROP PROCEDURE 语句删除存储过程的语法格式如下。

```
DROP PROCEDURE {procedure}[,...n]
```

说明_____

① procedure 是要删除的存储或存储过程组的名称。

② n 表示可以指定多个过程的占位符。

（4）存储过程的执行：对于服务器中的存储过程，可以使用 EXECUTE 语句来执行。其语法格式如下。

```
[[EXEC[UTE]]
 {
  [@return_status=]
  {procedure_[;number]|@procedure_name_var
  [[@parameter=]{value|@variable[OUTPUT]|[DEFAILT]}
  [,...n]
[WITH RECOMPLE]
```

其中，各个参数与创建存储过程的参数意义相似。

说明_____

① 如果存储过程是第一条语句，则可以使用存储过程的名称来执行，而省略 EXECUTE 语句。

② @procedure_name_var 是一个可选的整型变量，用来代表存储过程的名称。

3. 变量

变量：变量是 SQL Server 中传递数据的途径之一。

SQL Server 中变量一般分为两类：全局变量和局部变量。

全局变量：系统提供并赋值的一类变量，用户无权建立和修改，是以@开始的一组特别的函数。

局部变量：在程序中用来保存数值的对象，可以由用户定义。

（1）局部变量的声明语法格式如下。

```
DECLARE
```

参数说明如表 6.6.2 所示。

表 6.6.2　DECLARE 语句中参数的含义

参　数		含　义	
@local_variable		变量的名称	
data_type		变量的名称，任何由系统提供的或用户自定义的数据类	
@cursor_variable_name		游标变量的名称	
CURSOR		指定变量是局部游标变量	
table_type_definition		定义表数据类型	
n		表示可以指定多个变量并对变量赋值的占位符	

说明

局部变量必须先声明后使用；局部变量名必须以@开头；在一个 DECLARE 语句中，可以同时定义多个变量，只要用 "," 分隔即可。

（2）@局部的变量的赋值：用 DECLARE 语句声明局部变量后，变量的初值为 NULL。如果要改变它的值，则可以使用赋值语句 SET 或 SELECT。

SET 语句的语法格式如下。

```
SET@local_variable=表达式[,...n ]
```

（3）局部变量的作用域：指使用该变量的范围，它从声明变量开始到声明它们的批处理或存储过程结束。

如果出现错误，则要使用@sno 等变量时必须声明，这是由于 GO 已经将程序分为 2 个批处理语句，@sno 是上一个批处理中声明的变量，在其他批处理语句中失效。

4．触发器的基础知识

触发器是一种特殊类型的存储过程，它是一个强大的工具。它主要通过事件触发而被执行，它与表紧密联系，在表中数据发送变化时自动执行。触发器可以用于 SQL Server 约束、默认值和规则的完整性检查，还可以完成难以用普通约束实现的复杂功能。

触发可以分为两类：AFTER 触发器和 INSTEAD OF 触发器。

AFTER 触发器：又称为后触发器，它在引起触发器执行的修改语句成功完成之后执行。

INSTEAD OF 触发器：又称为代替触发器，执行的修改语句停止执行时，该类型触发器代替触发操作执行。

5．触发器的基本原理

每个触发器有两个特殊的表：插入表 insert 和删除表 delete。这两个表是逻辑表，并且是由系统管理的，存储在内存中，不存储在数据库中，因此不允许用户直接对其进行修改。它们的结构和该触发器作用的表相同，主要用来保存因用户操作而被影响到的原数据的值或新数据的值。

6．触发器的基本操作

（1）触发器的创建：使用 CREATE TRIGGER 语句创建触发器的语法格式如下。

```
CREATE TRIGGER trigger_name
ON{table | view}
[ WITH ENCRYPTION ]
{
  {{FOR |AFTER |INOSTE AD OF} {[DELETE][,][ INSERT ] [,] [UPDATE ]}
[WITH APPEND ]
[ NOT FOR REPLION ]
AS
[ { IF UPDATE (column)
  [ { AND |OR } UPDATE (column) ]
  [ ... n]
| IF ( COLUMNS_UPDATED ( ) { bitwise_operator } updated_bitmask )
      { comparison_operator } column_bitmask [ ... n ]
} "
```

```
sql_statement " ... n"
    }
    }
```

参数如表 6.6.3 所示。

表 6.6.3　CREATE　TRIGGER 语句中参数的含义

参　　数	含　　义
trigger_name	触发器的名称
table ｜ view	执行触发器的表或视图
WITH ENCRYPTION	加密 syscomments 表中包含 CRATE TRIGGER 语句文本的条目
AFTER	表示触发器类型为后触发器
{[DELETE][,][INSERT][,][UPDATE]}	指定在表或视图上执行数据修改语句时激活触发器的关键字
WITH APPPEND	指定应该添加现有的类型的其他触发器
NOT FOR REPLICATION	表示当复制进程更改触发器所涉及的表时，不执行该触发器
AS	触发器要执行的操作
sql_statement	触发器的条件和操作

（2）触发器的修改：使用 **ALTER TRIGGER** 语句修改触发器的语法格式如下。

```
AITER  TRIGGER trigger_name
ON  {table｜ view}
[ WITH  ENCRYPTION ]
{
{ {FOR ｜AFTER ｜INSTEAD OF } {[ DELETE ] [ , ] [ INSERT ] [ , ] [ UPDATE ] }
[WITH  APPEND ]
[ NOT FOR REPLJCATION ]
AS
[ { IF UPDATE  ( column )
[ (AND ｜ OR ) UPDATE  ( column )
[ ... n ]
｜IF ( COLUMNS_UPDATED () {bitwise_operator } updated_bitmask )
{ comparison_operator } column_bitnask [ ... n ]
} ]
Sql_statement [ ... n ]
```

其中的参数与创建触发器的参数含义相同。

（3）触发器的删除：使用 **DROP TRIGGER** 语句删除触发器的语法格式如下。

```
DPOP TR IGGER {trigger } [ , ... n ]
```

说明

trigger 是要删除的触发器的名称。

n 表示可以指定多个触发器的占位符。

 任务分析

本任务主要介绍存储过程与触发器的基本功能和创建方法，以及 SQL 程序设计中基本变量的基本知识。

存储过程是一种重要的数据库对象，是为了实现某种特定的功能而将一组 SQL 语句存储在服务器上，以供用户使用。它可以分为系统存储过程和用户自定义存储过程。

本任务主要完成以下操作。

（1）创建并调用一般存储过程。

（2）创建并调用带参数的存储过程。

（3）创建一个 UPDATE 触发器。

（4）创建一个 DELETE 触发器。

实施步骤 ▶▶▶▶▶▶▶ START

第 1 步：创建并调用一般存储过程。

要求创建一个名称为 st_yhy 的存储过程，调用该存储过程可以返回"信息技术系"学生的姓名、性别、出生年月和班级。这些信息不在同一个表中，要利用高级查询进行跨表查询，然后调用该存储过程来进行查询。由于此存储过程未设置输入参数，因而创建过程比较简单。

在存储过程的创建中要注意的是，有些特殊语句不能包含在存储过程定义中，如 CREATE VIEW、CREATE DEFAULT、CRATE FUNCTION 等。此外，数据库对象均可在存储过程中创建；存储过程最大为 128MB；不要以 sp_ 为前缀创建存储过程，因为它用来命名系统存储过程，这样做可能会引起系统冲突。

下面是具体的程序代码。

```
USE xywglxt
GO
CREATE PROC st_yhy
AS
SELECT A.sname AS 姓名, A.ssex AS 性别, A.sbirthday AS 出生年月, B.classname AS
    班级
FROM student AS A JOIN class AS B
ON A.classno=B.classno
   JOIN professional AS C
  ON B.pno=C.pno
      JOIN department AS D
      ON C.deptno=D.deptno
WHERE D.deptname='信息技术系'
GO
EXECUTE st_yhy
```

程序分为两部分：存储过程的创建和调用。

第一部分中先用 CREATE PROC 关键字创建了一个名为 st_yhy 的存储过程。存储过程的主体部分是一个 SELECT 查询语句，利用连接查询完成对"信息技术系"学生信息的查询。

第二部分是存储过程的调用。由于此存储过程不带参数，因此调用的方法比较简单，用

EXECUTE 语句加上存储过程的名称即可。

程序中还运用了数据表的别名，例如，将数据表 student 定义为 A，数据表 class 定义为 B 等。这样可以简化程序代码，使代码的可读性更强。

输入代码并执行，结果如图 6.6.1 所示。

图 6.6.1　创建并调用一般存储过程

第 2 步：创建并调用带参数的存储过程。

在 xywglxt 数据库中创建存储过程中 st_yhy，并为它设置一个输入参数，用于接收系部名称；按要求显示所在系部学生的信息，包括学生姓名、性别、年龄和班级。由于这些信息不在同一个表中，要利用高级查询进行跨表查询。要解决系统中将会出现的同名的存储过程问题，解决的办法是删除该程序过程，或者重命名该程序过程。查询的信息中出现了年龄，这要用到系统的时间日期函数。

下面是具体的程序代码。

```
USE xywglxt1
GO
IF EXISTS  (SELECT name
    FROM   sysobjects
    WHERE  name = 'st_yhy'
    AND    type = 'P')
  DROP PROCEDURE st_yhy
GO
CREATE PROC st_yhy
@dept char (20)
AS
SELECT A.sname AS 姓名, A.ssex AS 性别,
    YEAR (GETDATE())-YEAR (A.sbirthday) AS 年龄,
    B.classname AS 班级
FROM student AS A JOIN class AS B
ON A.classno=B.classno
  JOIN professional AS C
  ON B.pno=C.pno
```

```
            JOIN department AS D
            ON C.deptno=D.deptno
WHERE D.deptname=@dept
GO
EXECUTE st_yhy '信息技术系'
```

程序分为三部分：存储过程的删除、存储过程的创建和调用。

第一部分主要由 IF EXISTS 语句构成，测试系统表中是否存在名为 st_yhy 的存储过程，如果存在则将该存储过程删除。

第二部分中首先用 CREATE PROC 关键字创建了一个名为 st_yhy 的存储过程，并且定义了一个输入参数@dept，用于接收输入的系部名称。存储过程的主体部分是一个 SELECT 语句。表达式"YEAR（GETDATE()）—YEAR（A.sbirthday）"作用是完成出生日期到年龄的转换，其中用到了系统的日期时间函数。

第三部分是存储过程的调用。由于此存储过程是带参数的，因此调用的方法为 EXECUTE 语句加上存储过程的名称，再加上输入的参数值。这里输入参数是字符型的，因此用单引号括起来。

输入代码并执行，结果如图 6.6.2 所示。

图 6.6.2 创建并调用带参数的存储过程

第 3 步：创建一个存储过程，实现用户登录验证。如果登录成功，则更新最新的登录时间。下面是具体的程序代码。

```
USE xywglxt
GO
CREATE PROC upUserLogin
@strLoginName    VARCHAR (20),
@strLoginPwd     VARCHAR (20),
@binReturn       BIT OUTPUT
AS
DECLARE @strPwd VARCHAR (20)
BEGIN
SELECT @strPwd uUser
FROM uUser
  WHERE uLoginName = @strLoginName
IF @strLoginPwd=@strPwd
     BEGIN
```

```
            SET@binReturn = 1
            UPDATE uUser
            SET uLastLogin=GETDATE()
            WHERE uLoginName=@strLoginName
      END
ELSE
      SET @blnReturn=0
END
```

本段程序的主要功能是验证用户的登录密码，并更新用户的登录时间。程序中分别定义了两个输入参数和一个输出参数，其中@strLoginName 用来接收登录用户名，@strLoginPwd 用来接收登录密码，@blnReturn 用来反馈登录情况。

在存储过程的内部定义了一个局部变量@strPwd，用来临时存放用户的登录密码，SELECT 语句用来查询数据表中的用户密码，并赋值给局部变量@strPwd。IF 语句则用来对接收到的用户登录密码进行验证，如果和数据表中一致，则说明输入密码正确，更新用户登录时间，并将@blnRetrun 设置为 1；否则说明登录密码不正确，将@blnReturn 设置为 0。

第 4 步：删除存储过程 st_yhy。

下面是具体的程序代码。

```
USE xywglxt
GO
DROP PROCEDURE st_yhy
GO
```

第 5 步：声明 6 个局部变量@sno，@sname，@ssex，@sbirthday，@score 和@classno，并对其赋值，插入表 student 中。

下面是具体的程序代码。

```
USE xywglxt
GO
DECLARE @sno char (10), @sname char (10), @ssex char (2),
@sbirthday DATETIME,@score numeric, @classno char (8)
SET @sno='c14f1712'
SET @SNAME='郭冰'
SET @ssex='男'
SET @sbirthday='1988/8/08'
SET @classno ='c14f17'
PRINT @sno
PRINT @SNAME
PRINT @ssex
PRINT @sbirthday
PRINT @score
PRINT @classno
INSERT INTO student VALUES (@sno,@sname,@ssex,
@sbirthday,@score,@classno)
```

图 6.6.3　声明局部变量

第 6 步：创建一个 UPDATE 触发器。

触发器是一种特殊类型的存储过程，它是一个功能强大的工具。它主要通过事件触发而被执行。

下面是具体的程序代码。

```
USE xywglxt
GO
CREATE TRIGGER update_sname ON student
FOR UPDATE
AS
IF UPDATE（sname）
BEGIN
PRINT '不能修改学生姓名！'
ROLLBACK TRANSACTION
END
GO
UPDATE student
SET sname='王梅'
WHERE sno='c14f1701'
```

程序首先用 CREATE TRIGGER 关键字为表 student 创建了一个名为 update_sname 的触发器，并且规定了该触发器会由 UPDATE 触发执行。触发器的主体部分是由 IF 判断语句构成的，判断条件是否更新 sname 字段，如果更新了 sname 字段则显示"不能修改学生的姓名！"的提示，并用 ROLLBACK TRANSACTIN 语句恢复已经改变的状态。

触发器创建成功后，用 UPDATE 语句更新 student 中学号为"0601011101"的姓名，结果无法更新，说明创建的触发器发生了作用。

输入代码并执行，结果如图 6.6.4 所示。

图 6.6.4　创建 UPDATE 触发器

第 7 步：创建一个 DELETE 触发器。

SQL Server 中的 DML 触发器可以分为 3 种类型：INSERT、UPDATE 和 DELETE。这里主要为 xywglxt 数据库中的 student 创建一个名为 delete_student 的 DELETE 触发器，该触发器的功能是当删除 student 的学生记录时进行检查，如果在 choice 中存在该学生选修的记录，则不允许删除，并且显示"该学生在选修表中，不可删除此条记录！"的提示信息；否则删除该学生记录。

下面是具体的程序代码。

```
USE xywglxt1
GO
CREATE TRIGGER delete_student
ON student
FOR DELETE
AS
    IF（SELECT COUNT（*）FROM choice JOIN DELETED
    ON choice.sno=DELETED.sno）>0
     BEGIN
       PRINT（'该学生在选修表中，不可删除此条记录！'）
       ROLLBACK TRANSACTION
    END
    ELSE
       PRINT（'记录已经删除'）
GO
DELETE student
WHERE sno='c14f1701'
```

程序首先用 CREATE TRIGGER 关键字为表 student 创建了一个名为 delete_student 的 DELETE 触发器，并且规定了该触发器由 DELETE 语句触发执行。触发器的主体部分是由 IF…ELSE 判断语句构成的，判断条件为在 DELETE 中是否能找到和 choice 关联的记录。如果能找到这样的记录，则显示"该学生在选修表中，不可删除此条记录！"提示，并使用 ROLLBACK

TRANSACTION 语句恢复已经改变的状态；如果不能找到这样的记录，则显示"记录已经删除"提示。

输入代码并执行，结果如图 6.6.5 所示。

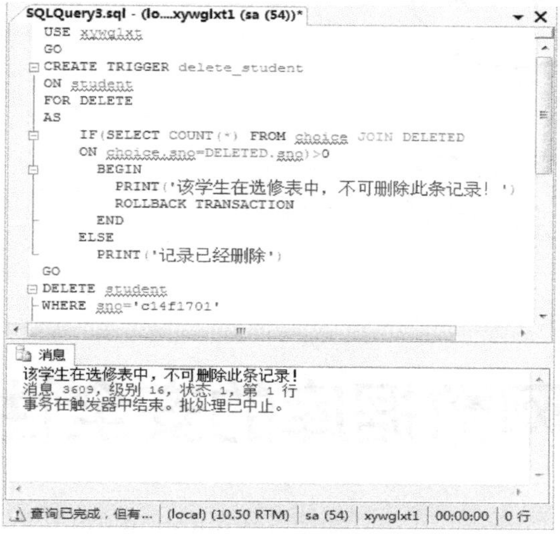

图 6.6.5 创建 DELETE 触发器

DELETE 语句试图删除学号为"c14f1701"的记录，但由于数据表 choice 中有该学生的选课记录，因此无法删除，说明创建的触发器发生了作用。

实操练习

1．分别写出存储过程与触发器的含义和作用。
2．理解存储过程的编写格式。

项目七

校园网数据库的安全性管理

　　本项目旨在对数据库安全性进行管理，因为数据库在使用过程中经常会遇到不可抗拒的客观因素或人为因素，而导致数据的一致性遭到破坏。

项目分析

　　本项目分为以下两个任务完成。
　　任务一：数据安全保障。
　　任务二：数据库的备份与还原。
　　通过本项目的完成，要求读者对数据库的安全性管理具有一定的认识，知道如何维护数据的一致性。

项目目标

【知识目标】
1．了解数据库系统安全性管理；
2．掌握数据库的权限管理；
3．学会数据库的备份与还原；
4．理解数据库的安全机制与数据的一致性。
【能力目标】
1．具备理解数据库安全机制的能力；
2．具备数据库权限管理的能力；
3．具备数据库备份与还原的能力。

【情感目标】

1．培养良好的抗压能力；

2．培养沟通的能力并通过沟通获取关键信息；

3．培养团队的合作精神；

4．培养实现客户利益最大化的理念；

5．培养事物发展是渐进增长的认知。

任务一　数据安全保障

任务说明

1．SQL Server 2008 的安全管理机制

SQL Server 2008 的安全性是指保护数据库中的各种数据，以防止非法使用而造成的数据泄密和破坏。SQL Server 2008 的安全管理机制包括验证和授权。验证是指检验用户的身份标识，授权是指允许用户做哪些操作。SQL Server 2008 的安全机制分为四级，其中第一级和第二级属于验证过程，第三级和第四级属于授权过程。

第一级的安全权限是用户必须登录到操作系统，第二级的安全权限控制用户能否登录到 SQL Server，第三级的安全权限允许用户与一个特定的数据库连接，第四级次的安全权限允许用户拥有对指定数据库中的一个对象的访问权限。

（1）登录：登录是账户标识符，用于连接 SQL Server 2008，其作用是控制对 SQL Server 2008 的访问权限。SQL Server 2008 只有在验证了指定的登录账号有效后，才能完成连接。但登录账户没有使用数据库的权力，即 SQL Server 2008 登录成功并不意味着用户已经可以访问 SQL Server 2008 中的数据库了。

SQL Server 2008 的登录账户有两种：SQL 账户和 Windows 账户。

例如，添加 Windows 登录账户的代码如下。

EXEC sp-grantlogin 'training\S26301'，即域名\用户名；

添加 SQL 登录账户的代码如下。

EXECSp-addlongin 'zhangsan'，'1234'，即用户名，密码。

SQL Server 2008 中有默认的登录账户：BUILTIN\Administrators 和 sa。BUILTIN\Administrators 提供了 Windows 2003 管理员的登录权限，并且具有在全部数据库中的所有权限。sa 是一个特殊的登录账户，只有在 SQL Server 2008 使用混合验证模式时有效，它也具有在全部数据库的所有权限。

（2）用户：在数据库内对象的全部权限和所有权由用户账户控制。

在安装 SQL Server 后，数据库中默认包含两个用户——bdo 和 guest，即系统内置的数据库用户。

dbo 代表数据库的拥有者。每个数据库都有 dbo 用户，创建数据库的用户是该数据库的 dbo，系统管理员也自动被映射为 dbo。

guest 用户账户在安装完 SQL Server 系统后被自动加入到 master、pubs、tempdb 和 norhwind 数据库中，且不能被删除。用户自己创建的数据库默认情况下不会自动加入 guest 账户，但可以手工创建。guest 用户也可以像其他用户一样设置权限。当一个数据库具有 guest 用户账户的

时，允许没有用户账户的登录者访问该数据库。所以 guest 账户的设立方便了用户的使用，但如使用不当也可能成为系统的安全隐患。

（3）角色：在 SQL Server 中，角色是管理权限的有力工具。将一些用户添加到具有某种权限的角色中，权限在用户成为角色成员时自动生效。"角色"概念的引入方便了权限的管理，也使权限的分配更加灵活。

角色分为服务器角色和数据库角色两种。服务器角色具有一组固定的权限，并且适用于整个服务器。它们专门用于管理 SQL Server，且不能更改分配给它们的权限。可以在数据库中不存在用户账户的情况下向固定服务器角色分配登录。数据库角色与本地组有些类似，它也有一系列预定义的权限，可以直接给用户指派权限，但在大多数情况下，只要给用户分配正确的角色中就会给予它们所需要的权限。一个用户可以是多个角色的成员，其权限等于多个角色权限的"和"，任何一个角色中的拒绝访问权限会覆盖这个用户所有的其他权限。

在创建数据库时系统会默认创建 10 个数据库固定的标准角色，具体如表 7.1.1 所示。

表 7.1.1　SQL Server 数据库中固定的标准角色

固定的标准角色	描　述
db-accessadmin	能够添加或删除用户
db-backupoperator	能够备份数据库
db-datareader	能够在数据库中所有的用户表中执行 SELECT 语句
db-datawriter	能够在数据库中所有的用户表中执行 INSERT、UPDATE 和 DELETE 语句
db-ddladmin	能够在数据库中发出 DDL 语句，即添加、修改或删除对象
db-owner	具有对数据库操作的所有权限
db-denydatawriter	不能在数据库中的用户表中执行 INSERT、UPDATE 和 DELETE 语句
db-denydatareader	不能够在数据库中的用户表中执行 SELECT 语句
db-securityadmin	能够管理数据库中的所有权限、角色等
public	最基本的数据库角色，每个用户都属于该角色

（4）登录、用户和角色的联系：登录、用户和角色是 SQL Server 2008 安全机制的基础。服务器角色和登录名相对应。

数据库角色和用户名相对应，数据库角色和用户都是数据库的对象，定义和删除的时候必须选择所属的数据库。

一个数据库角色中可以有多个用户，一个用户也可以属于多个数据库角色。

2．SQL Server 2008 的权限管理

（1）用户的权限：SQL Server 中的权限有 3 种：对象权限、语句权限和隐式权限。

① 对象权限：指用户在数据库中执行与表、视图、存储过程等数据库对象有关操作的权限。例如，是否可以查询表或视图，是否允许向表中插入、修改、删除记录，是否可以执行存储过程等。

对象权限的主要内容如下。

对表和视图是否可以执行 SELECT、INSERT、UPDATE、DELETE 语句；

对表和视图的列是否可以执行 SELECT、UPDATE 语句，以及在实施外键约束时作为参考的列；

对存储过程是否可以执行 EXECUTE 语句。

② 语句权限：指用户创建数据库和数据库中对象（如表、视图、自定义函数和存储过程

等）的权限。例如，如果用户想要在数据库中创建表，则应该向该用户授予 CREATE TABLE 语句权限。语句权限适用于语句自身，而不针对数据库中的特定对象。

语句权限实际上是授予用户使用某些创建数据库对象的 T-SQL 语句的权力。

只有系统管理员、安全管理员和数据库所有者才可以授予用户语句权限。

③ 隐式权限：指 SQL Sever 预定义的服务器角色、数据库所有者和数据库对象所有者所拥有的权限，隐式权限相当于内置权限，并不需要明确的授予这些权限。

（2）权限的管理：由于隐式权限是系统内置的，因此这里所指的权限管理主要是针对对象权限和语句权限的管理，分为以下几个部分。

授予权限（GRANT）：允许某个用户或者角色对一个对象执行某种操作或某种语句。

拒绝访问（DENY）：拒绝某个用户或者角色访问某个对象。

废除权限（REVOKE）：取消先前被授予或者拒绝的权限。

废除权限与拒绝权限的区别如下。

废除权限：废除权限类似于拒绝权限，但是，废除权限是删除已授予的权限，并不妨碍用户、组或角色从更高级别继承已授予的权限。因此，如果废除用户查看表的权限，不一定能防止用户查看该表，因为已将查看该表的权限授予用户所属的角色。

拒绝权限：禁止权限，表示在不撤销用户访问权限的情况下，禁止某个用户或角色对一个对象执行某种操作。这个权限优先于所有其他权限，拒绝给当前数据库内的安全账户授予并防止安全账户通过其组或角色成员资格继承权限。

任务分析

（1）使用 SQL Server Management Studio 创建登录名、数据库角色及用户。

（2）使用 SQL Server Management Studio 授予用户权限。

（3）使用 T-SQL 语句创建、查看、删除 SQL Server 登录账号。

（4）使用 T-SQL 语句创建和管理数据库用户及角色。

（5）使用 T-SQL 语句授予或回收用户权限。

实施步骤

第 1 步：使用 SQL Server Management Studio 创建登录名、数据库角色及用户，创建一个服务器登录名，名称为 xywglxtuser1，创建一个数据库角色 xywglxt，创建一个数据库用户 yhy。

一个 SQL Server 登录账号只有成为数据库的用户，对该数据库才有访问权限。每个登录账号在一个数据库中只能有一个用户账号，但可以在不同的数据库中各有一个用户账号。

角色分为服务器角色和数据库角色两种，本任务要求创建的是数据库角色。

（1）启动 SQL Server Management Studio，在"对象资源管理器"窗格中选择服务器，展开"安全性—登录名"节点，右击"登录名"对象，在弹出的快捷菜单中选择"新建登录名"选项，如图 7.1.1 所示。

（2）弹出"登录名-新建"对话框，在"常规"选项卡中的"登录名"文本框中输入用户登录名，如"xywglxtuser1"，选中"SQL Server 身份验证"单选按钮，同时在"密码"文本框中输入密码，在"确认密码"文本框中再次输入相同的密码，"默认数据库"选择"xywglxt"，单击"确定"按钮，如图 7.1.2 所示。

图 7.1.1　新建登录名　　　　　　图 7.1.2　"登录名-新建"对话框

（3）在"对象资源管理器"窗格中选中服务器，依次展开"数据库"|"xywglxt"|"安全性"|"角色"节点，右击"数据库角色"对象，在弹出的快捷菜单中选择"新建数据库角色"选项，弹出"数据库角色-新建"对话框，如图 7.1.3 和图 7.1.4 所示。

图 7.1.3　新建数据库角色

（4）在"角色名称"文本框中输入"xywglxt"，然后单击"所有者"文本框右侧的"浏览"按钮。弹出"选择数据库用户或角色"对话框，单击"浏览"按钮，弹出"查找对象"对话框，在列表框中选择"xywglxt"数据库角色。

（5）在"对象资源管理器"窗格中选中服务器，依次展开"数据库"｜xywglxt"安全性"节点，右击"用户"对象，在弹出的快捷菜单中选择"新建用户"选项，如图 7.1.5 所示。

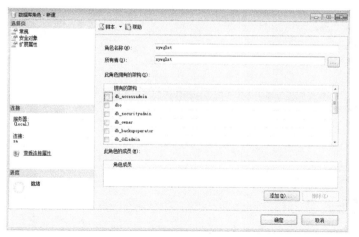

图 7.1.4　"数据库角色-新建"对话框

图 7.1.5　新建用户

（6）弹出"数据库用户-新建"对话框，在"常规"选项卡中的"用户名"文本框中输入用户名，如"yhy"，单击"登录名"文本框右侧的"浏览"按钮，弹出"选择登录名"对话框，单击"浏览"按钮，弹出"查找对象"对话框，选择登录名，如"xywglxtuser1"，返回"数据库用户-新建"对话框，如图 7.1.6 所示。

图 7.1.6　"数据库用户-新建"对话框

（7）选择赋予用户的数据库角色，在"数据库角色成员身份"列表框中选择"xywglxt"选项，完成新用户的创建，如图 7.1.7 所示。

设置完成后，可以测试创建的登录名是否成功。具体方法如下：选择"开始"|"程序"|"Microsoft SQL Server 2008"|"SQL Server Management Studio"选项，启动 SQL Server Management Studio，在"身份认证"下拉列表中选择"SQL Server 身份认证"选项，在"登录名"文本框中输入"xywglxt userl"，在"密码"文本框中输入设定的密码，单击"连接"按钮，如果成功登录，即可打开数据库 xywglxt 的窗口。

图 7.1.7　选择角色成员

第 2 步：使用 SQL Server Management Studio 授予用户权限。给用户 susan 授予查看 choice、class 和 course 的权限，并给相应的列授予相应的权限。

用 SQL Server Management Studio、系统存储过程、系统视图、自定义脚本都可以确定用户在 SQL Server 中的权限，还可以使用功能强大的 fn-my-permissions 表值函数来确定。

（1）启动 SQL Server Management Studio，在"对象资源管理器"窗格中选中服务器，依次展开"数据库"|"xywglxt"|"安全性"|"用户"节点，右击用户名"yhy"对象，在弹出的快捷菜单中选择"属性"选项，如图 7.1.8 所示。

图 7.1.8　属性设置

（2）弹出"数据库用户-yhy"对话框，选择"安全对象"选项卡，单击"搜索"按钮，弹出"添加对象"对话框，选中"特定对象"单选按钮，然后单击"确定"按钮，如图 7.1.9 所示。

图 7.1.9　添加对象

（3）弹出"选择对象"对话框，单击"对象类型"按钮，弹出"选择对象类型"对话框，在"对象类型"列表框中选择相应的选项，单击"确定"按钮，如图 7.1.10 所示。

图 7.1.10　选择对象

（4）在"选择对象"对话框中，单击"浏览"按钮，弹出"查找对象"对话框，选中表 choice、class 和 course，然后单击"确定"按钮，如图 7.1.11 所示。

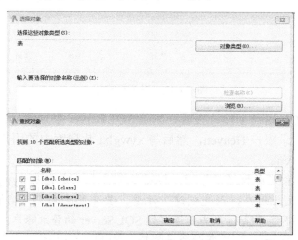

图 7.1.11　查找并选择对象

数据库应用基础（SQL Server 2008）

（5）在"数据库用户-yhy"对话框中，先选中表 choice，然后在对话框下方的 choice 的权限列表框中选中更改权限、更新权限、控制权限和删除权限，如图 7.1.12 所示。

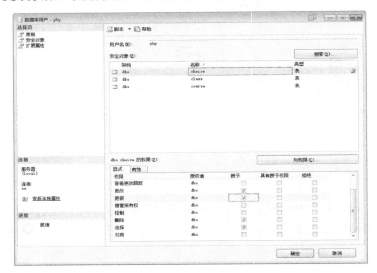

图 7.1.12　设置权限

（6）单击"列权限"按钮，弹出"列权限"对话框，进一步设置列权限，如图 7.1.13 所示。

图 7.1.13　设置列权限

第 3 步：使用 T-SQL 语句创建、查看、删除 SQL Server 登录账号。

创建 SQL Server 登录账户 Heaven，然后与 xywglxt 数据库中的用户 xywglxtuser2 相关联，最后删除登录账户 Heaven。

使用系统存储过程来完成权限的管理。根据任务要求，先查看 xywglxt 数据库中有没有用户 xywglxtuser2，如果无此用户，则先创建。注意，要先删除与登录名相关联的数据用户，然后才能删除登录账户；不能删除 sa 及当前连接到 SQL Server 的登录账户。

（1）创建登录账户 Heaven，并查看登录账户，如图 7.1.14 所示。

```
sp_addlogin 'Heaven','112233'
```

140

```
use xywglxt
go
```

图 7.1.14　创建账户

（2）查看数据库用户，如图 7.1.15 所示。

```
use xywglxt
exec  sp_helpuser
go
```

图 7.1.15　查看数据库用户

（3）如果没有发现 xywglxtuser2 用户，则在 xywglxt 数据库中创建此用户，如图 7.1.16 所示。

```
Use  xywglxt
Exec  sp_grantdbaccess'Heaven','xywglxtuser2'
Go
```

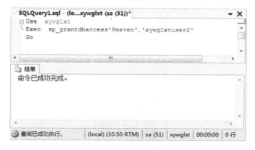

图 7.1.16　创建用户"xywglxtuser2"

（4）删除 xywglxtuser2 用户，再删除 Heaven 账户，如图 7.1.17 所示。

```
exec  sp_revokedbaccess'xywglxtuser2'
exec sp_droplogin 'Heaven'
```

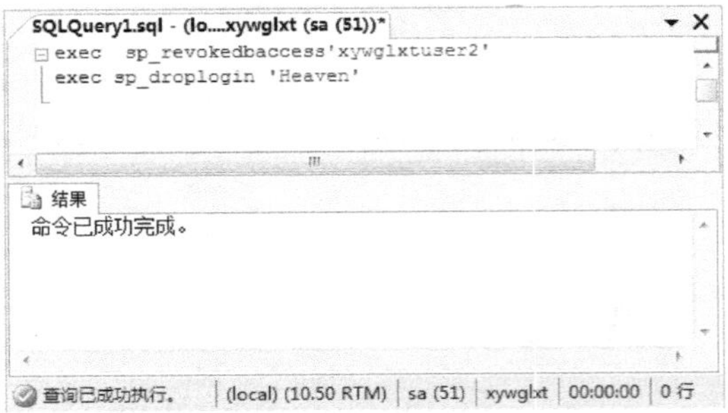

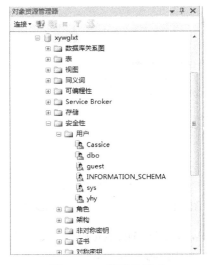

图 7.1.17　删除用户

删除一个登录账户，必须确认该登录账户无关联的用户存在于数据库系统中，即不存在孤儿型的用户（没有任何登录名与其映射）。

第 4 步：使用 T_SQL 语句创建和管理数据库用户及角色。

使用 T_SQL 语句创建数据库 xywglxt 中的用户 Cassice。

因为创建用户名时，必须关联一个登录名，所以根据任务要求，可以再分成以下 3 个子任务。

（1）使用 CREATE USER 语句，创建一个名为 Cassice 的登录名。

（2）创建用户 Cassice，并将它与登录名 Cassice 进行映射关联。

（3）创建角色 teachers，并将用户 Cassice 加入 teachers 数据库角色。

下面是具体的程序代码。

```
CREATE  LOGIN Cassice  WITH  password='yhy112233'
CREATE  USER Cassice  FOR  LOGIN  Cassice
SELECT  * FROM sys. Database_principals
CREATE  ROLE teachers
GO
EXECUTE sp_addrolemember'teachers','Cassice'
```

在"对象资源管理器"窗格中依次展开"数据库"|"xywglxy"|"安全性"|"用户"节点，右击"用户"对象，在弹出的快捷菜单中选择"刷新"选项，可以看到新建的数据库用户 Cassice，如图 7.1.18 所示。

图 7.1.18　新建的用户

可以使用数据库角色来为一组数据库用户指定数据库权限。创建数据库角色 teachers，在"对象资源管理器"窗格中依次展开"数据库"|"xywglxt"|"安全性"|"角色"|"数据库角色"节点，右击"数据库角色"对象，在弹出的快捷菜单中选择"刷新"选项，可以看到新建的数据库角色 teachers。

通过在数据库中加入角色来对数据库用户进行分组，必须与某个数据库中的一个用户名相关联后，使用这个登录名相连接的用户才能访问该数据库中的对象。

此外，用户名只有在特定的数据库内才能被创建，一个用户若要连接到 SQL Server，则必须用特定的登陆账户标识自己，所以，创建用户名时必须关联一个登录名。

一个登录名可能关联所有的数据库，但在一个数据库内，一个登录名只能关联一个用户。

第 5 步：使用 T-SQL 语句授予或收回用户权限。

授予用户 Cassice 查看 xywglxt 数据库中 course 和 teacher 的权限，拒绝 Cassice 查看 xywglxt 数据库中 teacher，然后撤销 Cassice 查看 xywglxt 数据库中 course 的权限。

根据要求，使用 GRANT、DENY 和 REVOKE 语句来完成权限的管理。

在 Administrator 为登录名的服务器上执行如下语句。

```
USE xywglxt
GRANT SELECT ON course TO Cassice
GRANT SELECT ON teacher TO Cassice
GO
DENY SELECT ON teacher TO CASSICE
GO
REVOKE SELECT ON course TO Cassice
GO
```

（1）输入并执行上述代码，结果如图 7.1.19 所示。

图 7.1.19　权限的设定

（2）以 Cassice 为登录名，登录到服务器，如果 Cassice 已经登录到服务器，则刷新并依次展开"数据库"｜"xywglxt"｜"表"节点，可以查看到 course 和 teacher 两个表。

（3）返回以 Administrator 为登录名的服务器对象中，关闭刚才的查询窗口，打开新的查询窗口，输入如图 7.1.19 所示语句。

（4）返回以 Cassice 为登录名的服务器，在服务器名上右击，在弹出的快捷菜单上选择"刷新"选项，依次展开"数据库"｜"xywglxt"｜"表"，刚才的 course 和 teacher 已经不存在了，打开的查询窗口，输入如图 7.1.19 所示语句并执行，将会返回出错信息。

① 管理语句权限的语句只能在系统数据库 master 中执行。

② 只有经过授权的数据库对象才能使用 REVOKE 语句。

授予对象权限的语法格式如下。

GRANT权限ON数据库对象TO用户或角色

禁止对象权限的语法格式如下。

DENY权限NO数据库对象TO用户或角色

撤销对象权限的语法格式如下。

REVOKE权限NO数据库对象FROM用户或角色

撤销语句权限的语法格式如下。

REVOKE权限FROM用户或角色

 说明

数据库对象为表名称、视图名称或者存储过程名称。

 **实操练习**

1．理解 SQL Server 中的安全机制。

2．说出登录用户的两种类型。

3．理解 SQL Server 中的权限管理，说出权限管理的 3 种常见操作，并写出关键字。

任务二　数据库的备份与还原

任务说明

1．数据库备份

（1）完整数据库备份：指所拥有的数据库对象、数据和事务日记都将被备份。

与事务日志备份和差异数据库备份相比，完整数据库备份的每个备份使用的存储空间更多。此外，由于完整数据库备份不能频繁的创建，因此不能最大程度地恢复丢失的数据。

一般来说，完整数据库备份应该与后面的备份方法结合使用才能最大程度地保护数据库数据，只有以下几种情况下可以单独使用。

① 系统中所存数据重要性很低。

② 系统中所存的数据可以很容易再创建。

③ 数据库不经常被修改。

（2）差异数据库备份：只记录自上次完整数据库备份后发生更改的数据。

在执行差异数据库备份时需注意以下几点。

① 定期创建数据库备份。

② 在每个数据库备份之间定期创建差异数据库备份。

③ 应该在两个差异数据库备份的时间间隔内执行事务日志备份，把数据损失的风险降到最小。

（3）事务日志备份：事务日志是自上次备份事务日志后对数据库执行的所有事务的一系列记录。可以使用事务日志备份将数据库恢复到特定的时间点。

采用事务日志备份，在故障发生后尚未提交的事务将会丢失。所有在故障发生时已经完成的事务都将会自动恢复。

一般情况下，事务日志备份比完整数据备份使用的资源少。

（4）数据库自动备份：数据库自动备份是一个周期性的工作，因此要让 SQL Server 按照制定的备份方案自动地完成各种备份，所以要把 SQL Server 服务设置为自动启动。

数据库维护计划完成了数据库的自动备份，最终设置的结果是一个作业调度，因此，也可以通过直接创建作业，由作业定时调用备份处理的语句来实现自动备份。

2．数据库恢复

（1）制定数据库恢复策略。

① 简单恢复：指在进行数据库恢复时仅使用数据库完整备份或差异备份，而不涉及事务日志备份。

② 完整恢复策略：指通过使用数据库备份和事务日志备份来使数据库恢复。

当数据有丢失或其他系统故障需要恢复时，一般恢复顺序如下。

备份当前的事务日志；

恢复最近一次的完整备份；

恢复最近一次的差异备份；

顺序恢复最近一次差异备份之后的每一次事务日志备份；

恢复第一步备份的当前事务日志。

（2）使用 RESTORE 命令恢复数据库。

除了使用企业管理器还原数据库外，还可以用 T-SQL 语句提供的 RESTORE 命令进行恢复操作，其语法格式如下。

```
RESTORE DATABASE{database_name | @database_name_var}
[FROM<backup_device>[, …n]]
[WITH
[DBO_ONLY]
[[, ]FILE=file_number]
[[, ]MEDIANME={MEDIA_NAME|@media_name_variable}]
[[, ]MOVE' longical_file_name'TO'operating_sysetem_file_name']
[…n]
[[, ]{NORECOVERY|RECOVERY|STANDBY=undo_file_name}]
[[, ]{NOUNLOAD|UNLOAD}]
[[, ]REPLACE]
[[, ]RESTART]
[[, ]STATS[=PERCENTAGE]]
]
```

使用 RESTORE 命令恢复数据库，参数如表 7.2.1 所示。

表 7.2.1　RESTORE 命令参数的含义

参　　　数	参数的含义
DBO_ONLY	表示将新数据恢复的数据库的访问权限授予数据库所有者
FILE	表示恢复具有多个备份子集的备份介质中的那个备份子集
MEDLANAME	表示在备份时所使用的备份介质名称，如果给出该选项，则在恢复时首先检查其是否与备份时输入的名称相匹配，若不相同，则恢复操作结束
MOVE	表示把备份的数据库文件恢复到系统的某一位置，默认条件下恢复到备份时的位置
NORECOVERY	表示恢复操作不恢复该任何未提交的事务，若恢复某一数据库备份后又将恢复多个事务日志，或在恢复过程中执行多个 RESTORE 命令，则要求除最后一条 RESTORE 命令外其他的必须使用该选项

 任务分析

（1）使用 SQL Server Management Studio 完整备份 xywglxt 数据库。
（2）使用 T-SQL 语句完整备份 xywglxt 数据库。
（3）使用 T-SQL 语句差异备份 xywglxt 数据库。
（4）使用 T-SQL 语句事务日志备份 xywglxt 数据库。
（5）制定 xywglxt 数据库备份策略，实施备份方案。
（6）使用 SQL Server Management Studio 恢复 xywglxt 数据库。
（7）使用 T-SQL 语句恢复 xywglxt 数据库。

实施步骤　

第 1 步：使用 SQL Server Management Studio 完整备份 xywglxt 数据库。

在"对象资源管理器"窗格中依次展开"数据库"|"xywglxt"节点，选择"任务"|"备份"选项，如图 7.2.1 所示。

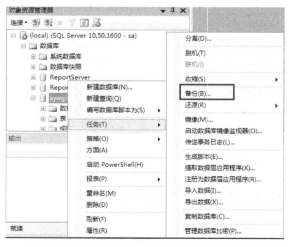

图 7.2.1　新建备份

　　弹出"备份数据库-xywglxt"对话框，设计备份集名称和备份路径，如图 7.2.2 所示，备份结束如图 7.2.3 所示。

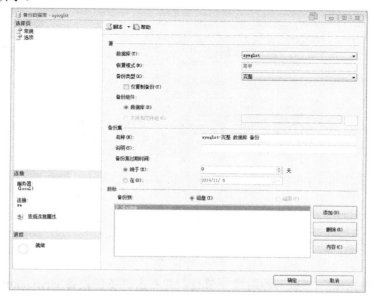

图 7.2.2　备份数据库

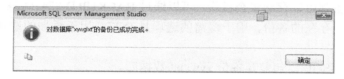

图 7.2.3　备份结束

第 2 步：使用 T-SQL 语句完整备份 xywglxt 数据库。

将 xywglxt 数据库完整备份到设备 yhybackup 中。数据库完整备份，可每周备份一次。

根据任务要求，先创建一个备份设备，再将 xywglxt 数据库备份到设备 yhybackup 中。备份设备在硬盘中以文件方式存储。

下面是具体的程序代码。

```
USE master
GO
EXEC sp_addumpdevice
'disk',
'yhybackup' ,
'C: \dump\yhybackup.bak'
BACKUP DATABASE xywglxt TO yhybackup
WITH INIT,
NAME='xywglxt-backup',
DESCRIPTION= 'Full backup of xywglxt'
```

新建文件夹 C:\dump，为数据库 xywglxt 创建完整备份到备份设备，在查询窗口中输入的语句如图 7.2.4 所示。

图 7.2.4　完整备份数据库

依次展开"数据库"|"服务器对象"节点，并右击"备份设备 yhybackup"对象，在弹出的快捷菜单中选择"属性"选项，查看新创建的 xywglxt 数据库备份设备。

每一个备份设备都可以存储多个备份。可以通过 BACKUP DATABASE 语句来指定是否覆盖或添加设备上已经存在的备份，用于覆盖的选项是 INIT，用于添加的选项是 NOINIT，默认值是 NOINIT。

第 3 步：使用 T-SQL 语句差异备份 xywglxt 数据库。

将 xywglxt 数据库差异备份到文件"C:\dump\difbackup.bak"中。

根据要求，执行差异备份与执行完整备份的不同在于需要在备份的 WITH 选项中指明 INIT，DIFFERENTIAL。

下面是具体的程序代码。

```
--将xywglxt数据库差异备份到文件中
BACKUP DATABASE xywglxt TO
DISK='C:\dump\difbackup.bak'
WITH DIFFERENTIAL,NOINIT,
NAME='xywglxt_difbackup',
DESCRIPTION='Differential backup of xywglxt'
```

在 xywglxt 数据库中的 class 中插入一条记录，在新建查询窗口中输入以下语句。

```
use xywglxt
INSERT INTO class
(classno,classname,pno)
VALUES ('c14f1718','汽车','0103')
```

为数据库 xywglxt 创建差异备份，在查询窗口中输入详细的程序代码，并执行代码，运行结果如图 7.2.5 所示。

差异备份只存储在上一次完整备份之后发生改变的数据。差异备份的优点在于它只备份更改过的数据，因此所要备份的数据量会比完整备份的数据量小，差异备份可每天进行一次。

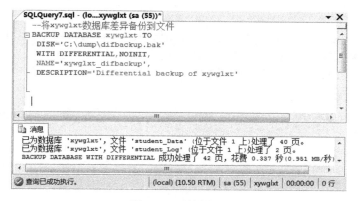

图 7.2.5 差异备份

第 4 步：使用 T-SQL 语句事务日志备份 xywglxt 数据库。

将 xywglxt 事务日志备份到设备 yhylog。

事务日志备份必须建立在完整备份的基础上，即必须有一次完整备份，才能有事务日志备份。本任务的完整备份与事务日志备份均建立在设备名为 yhylog.bak 的备份集文件中。

为 xywglxt 数据库进行事务日志备份，一定要将 xywglxt 数据库的恢复模式设为完整。展开"数据库"节点，并右击"xywglxt"对象，在弹出的快捷菜单中选择"属性"选项。

弹出"数据库属性"对话框，选择"选项"选项卡，在"选项"选项卡的"恢复模式"下拉列表中选择"完整"选项，如图 7.2.6 所示。

图 7.2.6 数据库属性设置

为数据库 xywglxt 创建完整备份，在查询窗口中输入语句并执行，如图 7.2.7 所示。

对数据库 xywglxt 进行事务日志备份，备份到设备 mylog 中。

```
USE master
```

```
GO
EXEC sp_addumpdevice 'disk', 'mylog', 'C: \dump\yhylog.bak'
BACKUP  DATABASE xywglxt  TO  yhylog
BACKUP  LOG xywglxt  TO  yhylog
```

执行结果如图 7.2.7 所示。

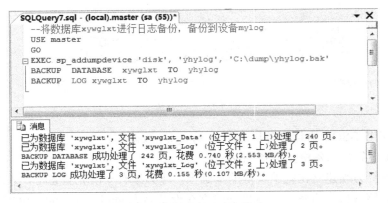

图 7.2.7　事务日志备份

数据库事务日志备份，可每小时备份一次。

第 5 步：制定 xywglxt 数据库备份策略，实施备份方案。

恢复 xywglxt 数据库系统有两种恢复策略：简单恢复策略，即使用完整备份+差异备份；完整恢复策略，使用完整备份+差异备份+事务日志备份。使用维护计划向导制定数据库完整备份、差异备份和日志备份 3 个作业。

（1）制定完整恢复策略，在"对象资源管理器"窗格中，展开"管理"节点，右击"维护计划"对象，在弹出的快捷菜单中选择"维护计划向导"选项，如图 7.2.8 所示。

图 7.2.8　恢复数据库

（2）弹出"选择计划属性"对话框，选择"每项任务单独计划"如图 7.2.9 所示。

（3）单击"下一步"按钮，弹出"选择维护任务"对话框，选中"备份数据库（完整）"复选框，如图 7.2.10 所示。

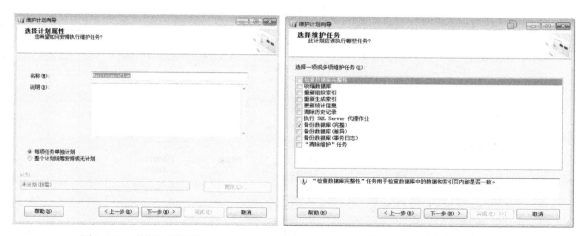

图 7.2.9　选择计划属性　　　　　　　　　　　图 7.2.10　选择维护任务

（4）单击"下一步"按钮，弹出"定义'备份数据库（完整）'任务"对话框，在"数据库"下拉列表中选中"以下数据库"单选按钮，在其下拉列表中选中"xywglxt"复选框，如图 7.2.11 所示，单击"确定"按钮。

图 7.2.11　定义"备份数据库（完整）"任务

（5）单击"下一步"按钮，弹出"选择计划属性"对话框，单击"更改"按钮，弹出作业计划属性对话框，选择"计划类型"为"重复执行"，在"频率"、"每天频率"和"持续时间"选项卡中进行相关设置，完成维护计划的设置，如图 7.2.12 所示

图 7.2.12　作业计划属性

（6）单击"确定"按钮，单击"下一步"按钮，弹出"维护计划向导进度"对话框，进度结束后单击"确定"按钮，完成完整数据库备份计划的创建，如图 7.2.13 所示。

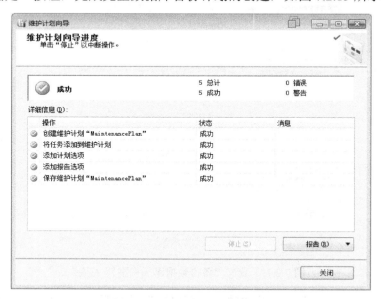

图 7.2.13　维护计划向导进度

（7）差异和事务日志数据库备份计划的创建也由维护向导完成，创建完成后返回"对象资源管理器"窗格，展开"SQL Server 代理|作业"节点，如图 7.2.14 所示。

图 7.2.14 创建的作业

维护计划向导可以用于设置核心维护任务，从而确保数据库执行良好，做到定期备份数据库以防系统出现故障，对数据库实施不一致性检查。维护计划向导可创建一个或多个 SQL Server 代理作业，代理作业将按照计划的间隔自动执行这些维护任务，它可以执行多种数据库管理任务，包括备份、运行数据库完整性检查或以指定的间隔更新数据库统计信息。创建数据库维护计划可以让 SQL Server 有效地自动维护数据库，保证数据库运行在最佳状态，并为数据库管理员节省了宝贵的时间。

第 6 步：使用 SQL Server Management Studio 恢复 xywglxt 数据库，将设备 mybackup 安全恢复到 xywglxt 数据库中。

（1）在"对象资源管理器"窗格中，展开"数据库"节点，右击"xywglxt"对象，在弹出的快捷键菜单中选择"删除"选项。

（2）在"对象资源管理器"窗格中，右击"数据库"节点，在弹出的快捷菜单中选择"还原数据库"选项，如图 7.2.15 所示。

图 7.2.15 还原数据库

（3）弹出"对象资源管理器"对话框，在"还原的目标"选项组中，在"目标数据库"下拉列表中输入要恢复的数据库名称"xywglxt"；在"还原的源"选项组中，选中"源设备"单选按钮，如图 7.2.16 所示。

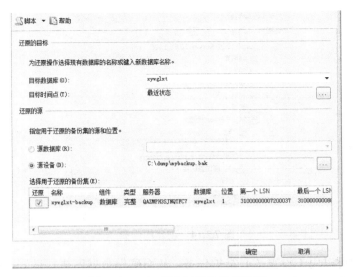

图 7.2.16　还原数据库的目标和源

（4）单击"源设备"文本框右侧的"选择路径"按钮，弹出"指定设备"对话框，在"备份位置"右侧单击"添加"按钮，弹出"定位备份文件"对话框，选择备份文件。

（5）弹出"指定设备"对话框，在"备份位置"下拉列表中确认所添加的文件，单击"确定"按钮，弹出"还原数据库"对话框，选择用于还原的备份集中的文件，单击"确定"按钮，显示还原数据库 xywglxt 成功。

第 7 步：使用 T-SQL 语句恢复 xywglxt 数据库。

假设在 D：\stubak 位置创建了一个名为 DiskBak_xywglxt 的本地磁盘备份文件。将设备 DiskBak_xywglxtwan 完全恢复到 xywglxt 数据库中。

下面是具体的程序代码。

```
—从备份设备DiskBak_xywglxt的完整数据库备份中恢复数据库xywglxt
USE master
RESTORE DATABASE xywglxt FROM DiskBak_student
—从备份设备DiskBak_xywglxt的差异数据库备份中恢复数据库xywglxt
RESTORE DATABASE xywglxt FROM DiskBak_xywglxt
WITH NORECOVERY
GO
RESTORE DATABASE xywglxt FROM DiskBak_xywglxt
WITH FILE=14,RECOVERY
—从备份设备DiskBak_xywglxt的事务日志备份中恢复数据库xywglxt
RESTORE LOG xywglxt
FROM DiskBak_xywglxt
WITH FILE=10,NORECOVERY
—删除特定备份设备
Sp_dropdevice 'DiskBak_xywglxt'
```

输入并执行上述代码，结果如图 7.2.17 所示。

图 7.2.17 使用 F-SQL 语句恢复数据库

实操练习

1. 创建一个名为"wycfgq"的数据库，并建立一个为"student"的数据表。
2. 备份上述"wycfgq"数据库，并还原数据库。

项目八

校园网管理系统的构建

　　本项目要求设计一个完整的校园网管理系统，该系统是一个现代校园网管理系统的雏形。该校园网管理系统前台用 ASP.NET 设计，后台用 SQL Server 2008 数据库，将前面所设计数据库知识全面融合到系统中，完成校园网管理系统的功能。

项目分析

　　本项目完成一个具体的校园网管理系统。通过本项目的完成，要求读者对数据库作全面的认识，具备数据库开发的能力。

项目目标

【知识目标】
1. 全面掌握系统开发的流程及步骤；
2. 学会运用所学知识开发系统；
3. 综合运用相关开发工具开发系统。
【能力目标】
1. 具备设计前台的能力；
2. 掌握后台数据库的设计和管理；
3. 具备数据库管理的能力。
【情感目标】
1. 培养良好的抗压能力；

2．培养沟通的能力并通过沟通获取关键信息；

3．培养团队的合作精神；

4．培养实现客户利益最大化的理念；

5．培养事物发展是渐进增长的认知。

任务一　数据库系统的设计

 任务说明

设计一个系统，首先要考虑到其功能的完整性，其次考虑其延展性。一个好的系统结构是非常清晰的，每个模板都有一些独立的功能，各模板组合起来又能完成更加复杂的功能，所以设计好系统结构是非常重要的。

在此，校园网管理系统中有两类用户，分别是管理员和普通用户。管理员的操作主要包括学生管理、教师管理、课程管理、班级管理、选课管理和成绩管理等功能；普通用户的对象主要是学生，具体操作包括修改密码、课程信息查询、选课、课程查询和成绩查询等功能。

模块图中的基本模块的功能可以具体描述出来，如图 8.1.1 所示。

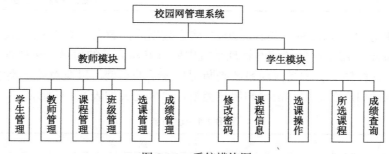

图 8.1.1　系统模块图

1．教师模块

该模块主要由 6 个子模块构成，主要负责学生、教师、课程和班级等相关信息的管理。

（1）学生管理：负责管理所有在校注册学生的个人信息，其主要功能包括添加、删除、修改和查找学生信息。每个学生有唯一的学号，管理员添加新生后，新生即可登录此系统浏览个人信息，登录此系统的用户名和密码默认是此学生的学号。

（2）教师管理：负责管理系统管理员的信息。其主要功能是将本校教师的权限设为管理员。管理员可添加新教师信息，每个教师有唯一的编号，之后通过把教师设为管理员，使此教师拥有管理员的权限，从而使此教师可登录系统进行管理员的相关操作。

（3）课程管理：负责管理所有的课程的信息。其主要功能包括添加、删除、修改和查找课程信息。只有管理员才具有对班级管理信息进行维护的权限。课程管理模块是选课管理模块的基础，只有在课程管理中添加课程的信息，学生才能进行选课。

（4）班级管理：负责班级的管理。其主要功能包括添加、删除和修改班级信息，以及对班级信息的查询。只有管理员具有对班级管理信息进行维护的权限。学生信息的添加建立在班级信息维护的基础上，每个学生必须属于特定的班级。当管理员对学生成绩进行统计时，可以统计各个班级的平均分、最高分等。

（5）选课管理：负责选课的管理。其主要功能包括删除、统计学生选课信息。它以课程管理模块中维护好的信息作为基础，既可以对选修课程进行管理，又可以统计选修人数，也可以对超过选课规定人数进行删除。

（6）成绩管理：学生选修的每一门课程都要有成绩，查询的内容包括课程名称、某位学生的成绩等。只有管理员能录入学生每一门课程的成绩，并可以进行修改，也可以计算某个班级的某门课程的最高分，平均分，计算优秀和不及格人数等。学生只能查询自己所修课程的成绩。

2．学生模块

学生只能进入此模块，该模块主要有 5 方面的功能。可操作个人相关信息，如修改个人的登录密码、浏览相关的课程信息、进行选课操作、查看自己已经选修的课程、查询自己的成绩等。

 **任务分析**

根据前面设计的系统功能模块结构，本任务要设计若干数据表，要求尽量减少数据冗余。可以在系统中创建 9 个表，除学生、班级、教师、课程等基本表外，为了便于系统管理员管理，还设计了用户表，记录用户登录系统时的用户名、密码和权限。此外，可以在过程中创建临时的数据表，这样更有利于系统的实现。

实施步骤 ＞＞＞＞＞＞＞ START

第 1 步：使用 Microsoft SQL Server 2008 建立数据库，数据库名为 xywglxt。

首先是表 users，用于存储校园网管理系统中所有参与人员的信息，包括管理员登录信息、学生登录信息，这样做的目的是方便系统判断用户登录的类型，以及对用户类型的统一管理。用户表中主要包括用户名、用户密码和用户类型，具体定义如表 8.1.1 所示。

表 8.1.1　users

字 段 名	类 型	约 束	备 注
user_is	varchar（20）	主键	用户名
user_Password	varchar（20）		用户密码
user_Power	int（4）		用户类型

本系统中最重要的对象是学生，表 student 就是用于存储所有学生信息的，具体定义如表 8.1.2 所示。

表 8.1.2　student

字 段 名	类 型	约 束	备 注
sno	char（10）	主键	学号
sname	char（10）	非空	姓名
ssex	char（2）	只取男、女	性别
sbirthday	datetime（8）		出生日期
sscore	numeric（18，0）		入学成绩
classno	char（8）	与表 class 中的 classno 外键关联	班级编号

学生所在班级信息相对独立，系统用 class 记录所有班级信息，具体定义如表 8.1.3 所示。

表 8.1.3　class

字　段　名	类　　型	约　　束	备　　注
classno	char（8）	主键	班级编号
classname	char（10）	非空	班级名称
pno	char（4）	与 professional 中 pno 外键关联	专业编号

构建 teacher 来存储本校所有教师信息，教师表给出一个较为简单的结构，具体定义如表 8.1.4 所示。

表 8.1.4　teacher

字　段　名	类　　型	约　　束	备　　注
tno	char（4）	主键	教师编号
tname	char（10）	非空	教师姓名
tsex	char（2）	只取男、女	性别
tbirthday	datetime（8）		出生日期
ttitle	char（10）		职称

每一个教师教授的课程存储在 teaching。具体定义如表 8.1.5 所示。

表 8.1.5　teaching

字　段　名	类　　型	约　　束	备　　注
tno	char（4）	主键，与 teacher 中 tno 外键关联，级联删除	教师编号
cno	char（7）	主键，与 course 中 cno 外键关联	课程编号

设计了 course，用于存储本校所有课程信息，其中包括课程名称和学分，具体定义如表 8.1.6 所示。

表 8.1.6　course

字　段　名	类　　型	约　　束	备　　注
cno	char（7）	主键	课程编号
cname	char（30）	非空	课程名称
credits	real（4）	非空	学分

学生所学课程都会有成绩，并且每个学生每一门课只有一个成绩。系统设计了 choice，用于存储本校所有学生所学课程信息，具体定义如表 8.1.7 所示。

表 8.1.7　choice

字　段　名	类　　型	约　　束	备　　注
sno	char（10）	主键，与 student 中 sno 外键关联，级联删除	学分
cno	chasr（7）	主键，与 course 中 cno 外键关联	课程编号
grade	real（4）		成绩

学生所属专业情况记录在 professional 中，具体定义如表 8.1.8 所示。

表 8.1.8　professional

字　段　名	类　型	约　　束	备　注
pno	char（4）	主键	专业编号
pname	char（30）	非空	专业名称
deptname	char（2）	与 department 中 deptno 外键关联	系部编号

专业所在系部情况记录在 department 中，具体定义如表 8.1.9 所示。

表 8.1.9　department

字　段　名	类　型	约　　束	备　注
deptno	char（2）	主键	系部编号
deptname	char（20）	非空	系部名称

第 2 步：利用存储过程，可以完成一些较为综合的功能。

（1）SELECT 存储过程的创建。

下面是具体的程序代码。

```
CREATE PROCEDYRE [selest-student-1]
(@sno [varchar] (50) )
AS
Select *
From student
Where Sno=@Sno
```

该存储过程用于从 student 中查询特定的学生信息，具体内容包括学生的学号、姓名、性别、出生日期、入学成绩等信息。存储过程中涉及表中各字段的含义都已描述过。在本系统中，很多情况下需要判断学生信息的有效性，即此学生是否已注册，调用此存储过程可方便地根据学号判断学生信息的有效性。此存储过程还可在学生浏览个人信息时使用，调用它将快速地返回学生的基本信息。

（2）INSERT 存储过程的创建。

下面是具体的程序代码。

```
CREATE PRPCEDURE [INSERT_student_1]
(@Sno [char] (10),
(@Snama [char] (10),
(@Ssex [char] (2),
(@Sbirthday[datetime],
(@Classno[char] (8) )
AS INSERT INTO [Student_Class].[do].[student]
( [sno]
[sname],
[ssex],
[sbirthday],
[sscore],
[classno])
```

```
VALUES
( @Student id,
@Sname,
@Ssex,
@Sbirthday,
@Sscore,
@Classno
)
```

通过该存储过程向 student 中添加新的学生基本信息，具体内容包括学号、姓名、性别、出生年月、入学成绩等。该存储过程在系统注册学生信息时被调用，每个学生有唯一的学号，在添加信息时，输入的学号要保证唯一性，否则系统会提示出错。

 **实操练习**

1. 创建向 course 中添加新课程信息的存储过程：insert_course_1。
2. 创建向 class 中添加班级信息的存储过程：insert_class_1。
3. 创建更新 student 中特定的学生信息情况的存储过程：update_student_1。

任务二 首页与管理员页面代码的编写

任务说明

本任务主要使读者掌握控件的使用方法，掌握数据库连接的一般方法，掌握判断用户登录的一般方法，掌握 DataGrid 等数据控件的使用方法，理解 DataSet 的作用和原理，掌握数据绑定的方法，掌握账务数据库编程在程序中的应用等。

任务分析

要完成本任务，主要实现以下操作。
（1）主页面（登录）代码编写。
（2）管理员操作模块中的学生信息管理主页面代码编写。
（3）管理员操作模块中的课程信息管理主页面代码编写。
（4）管理员操作模块中的成绩信息管理主页面代码编写。
（5）管理员操作模块中的学生选课管理主页面代码编写。

 **实施步骤** >>>>>>> START

第 1 步：主页面（登录）代码编写。

编写如图 8.2.1 所示的系统登录页面，做好页面静态设计和控件设计，并要求登录有权利限制。登录页面通过下拉菜单进行用户识别，不同用户登录将根据其不同的身份进入不同的功能页面，系统用户包括管理员和学生，在用户身份验证通过后，系统利用较方便的 GET 方式将用户名和用户身份等信息存储在临时变量中，再分别进入管理员操作模块和学生操作模块，并伴随用户对系统进行操作的整个生命周期。

图 8.2.1　登录界面

以下给出学生课程管理系统首页（default.aspx.cs）的后台支持类主要代码，前台脚本代码（default.aspx）可以通过使用 .NET 集成开发环境，依照所给界面设计方案来完成。

登录页面主要代码如下。

在"登录"按钮 Buttonl_Click 的单击事件下进行编码。

```
Protected void Buttonl_Click (object sender, EventArgse)
SqlConnection con = new
Sqlconnection
(sytem.Configuration.configuratioManager.AppSettings["dsn"].ToString());
//创建连接数据库的字符串，具体连接放在Web.Config文件中
Con.Open(); //打开连接
If (this.DropDownListl.SelectedItem.Value.Equals ("l")) //判断登录的用户类型
{
SqlCommand com = new SqlCommand ("select count (*) from student where
sname='"+this.
TexBoxl.text + "and sno='"+this.TextBox2.Text +'", con);//查找数据库中是否含
有此记录
Int n = Convert.Tolnt32 (com.ExecuteScalar());
If (n>0) //利用返回记录的个数来判断是否存在，若存在，则转入相应的功能页面
{
Response.Redirect ("studentcheck.aspx?
S_na="+this.TexBoxl.Text+"&s_no="+this.TextBox2.Text);
}
Else
{
This.Labell.Text="输入学生用户名或密码错误！";
}
}
Else
{
Sqlcommand com = new Sqlcommand ("select count (*) from user where User_id
='"+this.TextBoxl.Text + '"and User_password='"+this.TextBox2.Text+"'", .con);
Int n = convert Tolnt32 (com.ExecuteScalar());
If (n>0)
{
```

```
       Response.Redirect ("admin-student.aspx?no="+this.TextBoxl.Text
+"&psw="+this.TextBox2.Text);
       }
       Else
       {
       This.Labell.text="您输入的管理用户名或者密码错误"
       }
       }
       Con.Close();
       }
```

登录页面中利用了 ADO.NET 的一些数据库连接对象，如 SqlConnection（创建数据库），SqlCommand（获取操作命令），SqlDataReader（读取记录）等。一般利用 ADO.NET 中的这些对象来获取和修改数据库中的数据。

第 2 步：管理员操作模块中的学生信息管理页面代码编写。

学生信息管理页面如图 8.2.2 所示，其所属的学生信息管理模块是学生课程管理系统中管理学生学籍的部分。学生信息管理页面主要负责所有学生信息的浏览，以及到其他管理页面的链接，页面采用 DataGrid 控件的管理 student 与 DataSet 数据集的绑定并返回所有学生信息，分页显示，可以对学生信息进行添加、修改、查找或删除操作。

学号	姓名	性别	出生日期	入学成绩	班级		
c14F1701	刘备	男	1988/6/4	123	电子商务	编辑	删除
c14F1702	杨贵妃	女	1987/6/10	234	电子商务	编辑	删除
c14F1703	张飞	男	1989/2/11	345	电子商务	编辑	删除
c14F1704	关羽	男	1988/2/16	456	电子商务	编辑	删除
c14F1705	赵龙	男	1987/1/23	567	电子商务	编辑	删除
c14F1706	啊芬	男	1987/1/28	555	电子商务	编辑	删除
c14F1707	杨博斯	男	1987/2/2	124	电子商务	编辑	删除
c14F1708	小王	男	1987/2/7	456	电子商务	编辑	删除
c14F1301	李艳	男	1987/1/24	345	计算机网络技术	编辑	删除
c14F1302	杨海艳	男	1987/1/29	342	计算机网络技术	编辑	删除
c14F1303	秦齐忠	男	1987/2/3	345	计算机网络技术	编辑	删除
c14F1401	月梅	男	1987/2/4	432	计算机应用技术	编辑	删除
c14F1402	可春	男	1987/1/25	340	计算机应用技术	编辑	删除
c14F1403	刘芬	男	1987/1/30	356	计算机应用技术	编辑	删除
c14F1501	杨延华	男	1987/1/26	333	计算机维修	编辑	删除

1 2

图 8.2.2　学生信息管理页面

此页面中，"查询学生"按钮的 Click 事件把 Panel 的 Visible 属性重设为 True，以显示输入查询条件的表格。根据提示，用户输入查询条件时，"确定"按钮的 Click 事件通过生成 SQL语句实现查询功能，查询的结果最终显示在 DataGrid 控件 Dgd_student 中，在该控件中设置了"编辑"和"删除"列，提供数据的修改、删除操作。在"显示所有信息"控件的 Click 事件Btn_all_Click()中，完成 DataGrid 控件 Dgd_student 的数据绑定操作，使其显示所有学生的信息。同时，令容纳查询条件的 Panel 控件的 Visible 属性设为 False，因为此时系统部接收查询条件，只有当触发"查询学生"按钮的 Click 事件后，才能重新显示查询条件。

学生信息管理页面的后台支持类（student.aspx.cs）的主要代码如下。

在页面载入事件中进行数据绑定。

```
Protected void Page_Load (object sender, EventArgs e)
```

```
{
    if (! IsPostBack)
    {
    SqlConnection con = new SqlConnection (System. Configuration.
ConfigurationManager.AppSettings["dsn"].ToString()) ;
    con.Open();
    SqlCommand com = new SqlCommand ("select s.sno, s.sname, s.ssex, s.sbirthday,
s.sscore, c.classname from student s left outer join class c on s.classno=c.classno",
con) ;
    SqIDataAdapter sda=new SqIDataAdapter();
    Sda.SelectCommand=com;
    DataSet ds = new DataSet();
    Sda.Fill (ds, "t1") ;
    this.stu_dg1.DataKeyField = "sno";//要添加此语句，才可以查找控件
    this.stu_dg1.DataSource = ds.Tables["t1"].DefaultView;
    this.stu_dg1.DataBind();
    con.Close();
    this.Panel1.Visible = false;//存放在PSOTBACK中，表示第一次执行有效
    this.Panel2.Visible = false;//
    }//DataGrid中的数据要用样式表固定
}
```

"添加新生"按钮单击事件的代码如下。

```
Protected boid Buttonl_Click (object sender,EventArgs e)
{
    this.Panel2.Visible = false;
    this.Panel1.Visible = true;
}
```

"编辑"记录事件需要重新绑定。

```
Protected boid stu_dg1_EditCommand (object source, DataGridCommandEvenArgs
e)
{
    this.stu_dg1.EditItemIndex = e.Item.ItemIndex;
    SqlConnection con=new SqlConnection
(System.Configuration.ConfigurationManager.
    AppSettings["dsn"].ToString()) ;
    Con.Open();
    SqlCommand com = new SqlCommand ("select s.sno, s.sname, s.ssex, s.sbirthday,
s.sscore, c.classname from student s left outer join class c on s.classno=c.classno",
con) ;
    SqIDataAdapter sda = new SqIDataAdapter();
    sda.SelectCommand = com;
    DataSet ds = new DataSet();
    sda.Fill (ds,"t1") ;
    this.stu_dg1.DataSource = ds.Tables["t1"].DefaultView;
```

```
      this.stu_dg1.DataBind();
      con.Close();
      }
```

"取消"按钮单击事件的代码如下。

```
      Protected void stu_dg1_CancelCommand (object source,
DataGridCommandEventArgs e)
       {
      this.stu_dg1.EditItemIndex = -1;
      //控件再绑定
      }
```

"分页"事件的代码如下。

```
      Protected void stu_dg1_PageIndexChanged (object source,
DataGriPageChangedEventArgs e)
      {
      This.stu_dg1.CurrentPageIndex = e.NewPageIndex;
      //控件再绑定
      }
```

更新记录事件的代码如下。

```
      protected void stu_dg1_UpadateCommand (object source,
DataGridCommandEventArgs e)
      {
      string name, sex, bir, score, cla;
      string key = this.stu_dg1.DataKeys[e.Item.ItemIndex].ToString();
      TextBox tb;
      tb = (TextBox)e.Item.Cells[1].Controls[1];
      name = tb.Text.Trim();
      tb = (TextBox)e.Item.Cells[2].Controls[1];
      sex = tb.Text.Trim();
      tb = (TextBox)e.Item.Cells[3].Controls[1];
      bir = tb.Text.Trim();
      tb = (TextBox)e.Item.Cells[4].Controls[1];
      score = tb.Text.Trim();
      tb = (TextBox)e.Item.Cells[5].Controls[1];
      cla = tb.Text.Trim();
      SqlConnection con = new
      SqlConnection
(System.Configuration.ConfigurationManager.AppSettings["dsn"].ToString());
      Con.Open();
      SqlCommand com = new SqlCommand ("upadte student set sname='"+name+"',
ssex='"+sex+"', sbirthday='"+bir+"', sscore='"+scre+"'where sno='"+key+"'", con);
      Com.ExecuteNonQuery();
      This.stu_dg1.EditItemIndex = -1;
      Com = new SqlCommand ("select s.sno, s.sname, s.ssex, s.sbirthday, s.sscore,
c.classnamefrom student slefy outer join class c on s.classno=c.classno", con);
```

```
    SqlIDataAdapter sda = new SqlDataAdpter();
    sda.SelectCommand = com;
    DataSet ds = new DataSet();
    sda.Fill (ds, "t1");
    this.stu_dg1.DataSource = ds.Tables["t1"].DefaultView;
    this.stu_dg1.DataBind();
    con.Close();
    }
```

"删除"事件的代码如下。

```
    Protected void stu_dg1_DeleteCommand (object source,
DataGridCommandEventArgs e)
    {
    steing key = this.stu_dg1.DataKeys[e.Item.ItemIndex].Tostring();
    SqlConnection con = new SqlConnection
(System.Configuration.ConfigurationManager.)
    AppSettings["dsn"].ToString());
    con.Open();
    SqlCommand com = new SqlCommand ("delete from student where sno = '"+key+"'",
con);
    com.ExecuteNonQuery();
    com = new SqlCommand ("select s.sno, sname, s.ssex, s.sbirthday, s.sscore,
c.classname from student s lefy outer join class c on s.classno=c.classno", con);
    //控件再绑定
    }
```

"添加学生"按钮单击事件的代码如下。

```
    Protected void Button4_Click (object sender, EventArgs e)
    {
    SqlConnection con = new SqlConnection (System. Configuration.
ConfigurationManager.)
    AppSettings["dsn"].ToString());
    con.Open();
    SqlCommand com1 = new SqlCommand ("insert into student (sno, sname, sbirthday,
ssex, sscore, classno) values (@sno, @sname, @sbirthday, @ssex, @sscore, @classno)
", con);//写入数据库
    SqlParameter sq1 = new SqlParameter ("@sname", SqlDbType.VarChar);
    SqlParameter sq2 = new SqlParameter ("@sno", SqlDbType.VarChar);
    SqlParameter sq3 = new SqlParameter ("@ssex", SqlDbType.VarChar);
    SqlParameter sq4 = new SqlParameter ("@sbirthday", SqlDbType.VarChar);
    SqlParameter sq5 = new SqlParameter ("@sscore", SqlDbType.VarChar);
    SqlParameter sq6 = new SqlParameter ("@classno", SqlDbType.VarChar);
    sp1.Value = this.TextBox1.Text;
    sp2.Value = this.TextBox2.Text;
    sp3.Value = this.TextBox3.Text;
    sp4.Value = this.TextBox4.Text;
```

```
    sp5.Value = this.TextBox5.Text;
    sp6.Value = this.TextBox6.Text;
    com1.Parameters.Add (sp1);
    com1.Parameters.Add (sp2);
    com1.Parameters.Add (sp3);
    com1.Parameters.Add (sp4);
    com1.Parameters.Add (sp5);
    com1.Parameters.Add (sp6);
    SqlCommand com2 = new SqlCommand ("select count (*) from student where
sno='"+this.TextBox2.Text+"'", con);
    Int n = Convert.ToInt32 (com2.ExecuteScalar());
    If (n>0)
    {
    this.Label2.Text="学生编号不能重复! ";
    This.TextBox2.Text="      {else}
    Coml.ExecuteNonQuery();
    This.Label2.Text="插入记录成功! "
    SqlCommand com=new SqlCommang ("select,s,ssex,s,sbirthday,s,sscore,c,
classname from student s left outer join class c on s,classno=c,classno",con);//
控件再绑定
    Protected void Button5 Click (objectsender,EventArgs e)
    This.Panell.Visible.=false;
```

"查询学生"按钮单击事件的代码如下。

```
    Protected void Button6 Click (object sender e )
    string ck=this.TextBox7.Text.Trim9 (
    );
    SqConnection con =new Sqonnection (System .Configuration.
ConfiguigurationManager.AppSettings["dsn"].ToString9());
    Con.Open();
    SqCommand com =new SqCommand ("select count9" (*) form student where
sname='"+ck+"'", con);
    Int n =Convert.ToInt32 (com.Execute Scalar());
    If9 (n》)
    This.Labe14 .Text='查找到'+n+'条记录! "

    com' =new SqlCommand ('selext s.sname, s.sname, s.ssex, s.sbirt
    hdayby, s.sscorn, c.classname from student s left outer join class c on
s.classno=c, classno=c, classno=c, classno where s.sname=''+ck+'', con);
    //控件再绑定
    ……
    Else
    this.Labe14, Text=''查找到0条记录!''
    }
    }
```

第3步：管理员操作模块中的课程信息管理主页面代码编写。

课程信息管理页面如图 8.2.3 所示，它和学生信息管理页面非常相似。在页面初始加载时，就进行 DataGricd 控件 Dgd-course 的绑定操作，完成课程信息的显示，Dgd-course 控件第 0 列——"授课信息"中链接信息指向与此课程相关内容的显示页面，如任课教师的信息等。管理员也可以对课程信息进行编辑和删除。

教师编号	教名	性别	出生日期	职称		
0101	余可春	男	1957-03-01 00:00:00	教授	编辑	删除
0102	杨海珊	男	1963-12-01 00:00:00	教授	编辑	删除
0103	刘芬	女	1967-09-24 00:00:00	教授	编辑	删除
0104	王月梅	女	1985/9/13	副教授	编辑	删除
0105	杨延华	男	1977/9/14	教授	编辑	删除
0106	郭冰	男	1976/9/15	副教授	编辑	删除

班级管理　　　　学生管理　　　　课程管理　　　　成绩管理

管理员-课程管理

添加教师　　查询教师　　退出

图 8.2.3　课程信息管理页面

　　管理员可以分页浏览所有课程信息，也可以单击第一列的"课程遍号"按钮浏览为课程分配的教师情况，该页面的显示采用-blank，即再不覆盖。

```
This.course_dgl.CurrenPageIndex=e.NewPageIndex;
SqlConnection con =SqlConnerction (System.Configuration.
ConfigurationManager.Appssetting ["dsn"].ToString());
Con.Open();
SqlCommandcom=new sqlCmmand ("select cno, credits from couser", con) };
Protect void Buttonl_Cick (object) sender EvenArgs e) //跳转到相关教师信息页
面}
Response. Redirect ("shwodetaisl.aspx");
```

"添加课程"按钮单击事件的代码如下。

```
Protect vido Button_Cick (object sener, EvenArgs e)
SqiConnecttion con=new SqlConnection (System
Configuration.ConfigurationManager.AppSettings["dsn"].ToString()); con Open();
Sqlcommand.coml.=new splcommand ("insert into course (cno, came,credits)
values (@cno, @came, @credits)",con);
Splcparameter sp1= new sqlcparameter (@cno) sqldbtype.varchar)
Sqlparameters sp2=new sqlparameter (@cname sqldbtype varchar)
Sqlparameters sp3=new sqlparameter (@credits sqldptype varchar)
Spl value=this textbox1 text
Sp2value=this textbox2 text
Sp3 value=this textbox3 text
Coml. Parameters.add (sp1)
Coml..parameters.add (sp2)
Coml. Parameters.add (sp3)
Sqlcommand com2=new sqlcommand ("select count (*) from course where
cno='"+this.textboxl text+"'",con);
```

```
Int n =convert toint32 (com2 executescalar());
If (n>0)
{
This labe14 text=课程编号不能重复! ";
This textbox2 text="""
}
Else
}
Coml. Executenonquery()
This labe14 text="插入记录成功! "
Sqlpcommand com = new sqlpcmmnad ("select cno canme credits from course",
con);
```

第 4 步：管理员操作模块中的成绩信息管理主页面代码编写。

成绩信息管理页面如图 8.2.4 所示，该页面完成的功能较多，包括按选定的条件进行成绩查询，根据成绩范围对包含在该范围中的学生成绩进行统计，具体统计这门课程的平均分、最高分、优秀人数和不及格人数等。此页面实现的关键在于根据条件生成 SQL 语句。当"查询"、"统计"操作被触发时，系统将完成对数据库中多个表的操作。

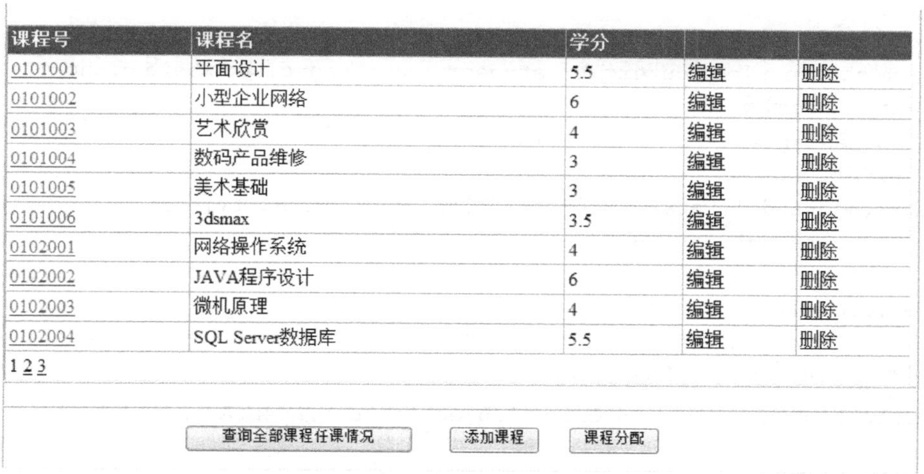

课程号	课程名	学分		
0101001	平面设计	5.5	编辑	删除
0101002	小型企业网络	6	编辑	删除
0101003	艺术欣赏	4	编辑	删除
0101004	数码产品维修	3	编辑	删除
0101005	美术基础	3	编辑	删除
0101006	3dsmax	3.5	编辑	删除
0102001	网络操作系统	4	编辑	删除
0102002	JAVA程序设计	6	编辑	删除
0102003	微机原理	4	编辑	删除
0102004	SQL Server数据库	5.5	编辑	删除
1 2 3				

查询全部课程任课情况　　添加课程　　课程分配

图 8.2.4　成绩信息管理页面

"查询方式"下拉列表控件包含"按课号"、"按课名"、"按学号"等 4 类查询条件，文本框控件中录入查询内容，按钮控件的 Click()事件完成组合条件查询。用户可以通过 DataGrid 控件的"编辑"列对查询的成绩进行修改。

在成绩统计中，"统计范围"下拉列表控件包含"班级"、"个人"等查询条件，录入成绩具体范围、课程编号、统计内容后，通过 Button 控件的 Click()事件完成组合条件的查询，并且在该事件中完成的统计数据将显示于 Label 控件 Lbl-average、high-Lbl-all、Lbl-a、Lbl-unpass 中，分别表示成绩平均分、最高分、所有学生人数、优秀学生人数和不及格学生人数。匹配过程用到了 SQL Server 2008 数据库中的 AVG()、MAK()、COUNT()等统计函数。

成绩信息管理页面的后台支持类（grade-manage.aspx.cs）的统计内容主要相关代码如下。

"查询"按钮单击事件的代码如下。

```
protected void Button5-Click (object sender,EvenArgs e)
```

```
    {
    SplConnection con = new SqlConnection
(System.Configuration.ConfigurationManager.AppSettings["dsn"].ToString());
    con.Open();
    If (this.DropDownlistl.Selecteditem.Value.Equals（"0"）) //判断查询条件
    {
    SqCommand com = new SqlCommd ("select c.cno, c.grade, s.sno, s.sname, sclassno
    From choic c lef outer join student s on s. sno=c.sno where
c.cno+this.TextBox5.
    Text+"",con;
    SqlDataAdapter sda = new AqlDataAdapter();
    Sda.SelectCommand = com;
    DataSet ds = new SqlDataSet();
    sda.Fill (ds, "tl");
    this.score dgl.DataSource = ds.Tables["tl"].DefaultView;
    this.score_dgl.DataBind( )
    {;
    else if (this.DropDownListl.SelectedItem.Value.Equals（"1"）
    }{
    SqlCommand com = new SqlCommand （"select c. con, c.grade, s.sname, s.classno
    From choice c left outer join student s on s.sno=c.sno where c.sno=""+TetBox5.
    Text+"",con）;
    SqlDataAdapter sda = new SqlDataAdapter();
    Sda.Fill (ds,"tl");
    this.score_dgl.DataSource=ds.Tables["tl"].DefaultView;
    this.score_dgl.Data.Bind();
    }
    Con.Close();
    }
```

"统计"按钮单击事件的代码如下。

```
    Protected void Button6_Click (object sender,EventArgs e )
    {
    SqlConnection con = new SqlConnection (System.
Configuration.ConfigurationManaer.
    AppSettings["dsn"].ToString());
    Con.Open();
    String t4 = this.TextBox4.Text.Trim();
    String t6 = this.TextBox6.Text.Trim();
    if ( this. DropDownList2.SelectedItem.Value.Equals （"0"） &&this.
DropDownlist3.
    SelectedItem.Value.Equals （"0"）) //判断统计条件
    {
    SqlCommand com=new SqlCommand("select max(grade max(grade) from choice where
sno=+t4
    +"", con）;
    Int n= Convert.ToInt32 (com.ExecuteScalar());
```

```
        this.Label7.Text=this.TextBox4. Text+"的"+this. DropDownList3.
SelectedItem. Text+"为"+n+"分";
        }
        If (this. DropDownLise2. SelectedItem. Value. Equals ("o") &.& this.
DropDownList3.SelectedItem. Value. Equals ("1") //查询个人信息时不可以输入课程
        {
        SqlCommand com = new SqlCommand("select avg (grade) from choice where sno='"+
t4+"'", com) ;
        int n = Convert. ToInt32 (com.ExecuteScalar()) ; //返回记录数
        this. Label7. Text = this. TextBox4. Text + "的"+ this.
DropDownList3.SelectedItem. Text+"分"+n"分"
        }
        if (this. DropDownListe2. SelectedItem. Value. Equals ("1") &.& this.
DropDownList3. SelectedItem. Value. Equals ("0") )
        {
        SqlCommand com =new SqlCommand ("select max (grade)  from choice c left outer
join student s on c. sno=s. sno where s. classno='"+t4+"'and c. cno='"+t6+"'",
con) ; int n = Convert. ToInt32 (com.ExecuteScalar()) ;
        this. Label7. Text = this. TextBox4. Text +" 的" +this. DropDownList3.
SelectedItem.
        Text + "为" + n+ "分";
        SqlCommand coml = new SqlCommand ("select count (*) from choice c left outer
join student s on c. sno=s. sno where s. classno='"+ t4 + "' and c. cno='" +t6+"'
and grade<'60'", con) ;
        N= Convert. ToInt32 (com2. ExecuteScalar()) ;
        }
        if ( this. DropDownList2. SelectedItem. Value. Equals ("1")  &.& this.
DropDownList3. SelectedItem. Value. Equals ("1") )
        {
        SqlCommand com = new SqlCommand  ("select avg (grade)  from choice c left outer
join student s on c. sno=s. sno where s. classno='" +t4+"'", com) ;
        Int n = Convert. ToInt32 (com. ExecuteScalar()) :
        this. Label7. Text = this. TextBox4. Text +"的" + this. DropDownList3.
SelectedItem. Text + "为" + n + "分";
        SqlCommand coml = new SqlCommand (" select count (*)  from choice c left outer
join student s on c. sno=s. sno where s. classon='" +t4 + "'and c. cno='" +t6 +"'and
grde >='85'", com) ;
        n=Convert.Tolnt32 (coml.ExecuteScalar()) ;
        this.Label9.Text=n+"人";
        sqlCommand com2 = new sqlCommand ("sqlCt count (*) from chice c left outer
join
        student s on c . sno where s.classno="+t4+"'+t6+"'and grade
        <'60', con) ;
        n= covert. Tolont32 (com2.ExecuteScuteScalar()) ;
        this . Labell . Text = n+人;
        con.Close();
```

第 5 步：管理员操作模块中的学生选课管理主页面代码编写。

在学生选课管理页面中，"课程名称"下拉列表的数据在页面初始化事件 Page_Load ()中绑定。绑定内容为数据库中的所有课程名，当选择某一个课程中的所有课程名，或者选择某一门课程时，"教师姓名"下拉列表显示相应的任课教师，此时单击"选课学生总数"按钮，可以统计选课的总人数，若总人数超出预订人数，则管理员有权删除选课时间靠后的学生，通过DateGrid 控件的"删除"列即可直接完成该操作。

后台支持类（student course . aspx .cs）的主要相关代码如下。

```
页面载入时对下拉列表和数据网格控件进行绑定。
Protcctde void Page  load (object sender, EventAregs e )
if (! Ispostback)
Sqlconnection con = new sqlconnection (SqlConnection (System .
ConfigurationManager.Appsetting 〔"dsn"). Tostring());
Con . open (); sqlcommand coml = new sqlconmmand ("select c . cname , c .
cname, c, cno from taching t left outer join  course c on t .cno = c.cno ", cno);
sqlDataReader dr = coml. ExecuteReader();
this . DropDownListl . DataTextfied="cname"
this . Dropdownlistl.databind()valuefreld .="con"
this. Dropdownlistl.datasource=dr
this . Dropdownlistl.databind();
dr. close ();
sqldataadapter sda = new sqldataadapter();
sdda.Fill (ds,"t1")
this slcourse dgl. Datasource
sqlcommand com 2 = new sqlcommand ();
this . DropDownList2 .data =textfeid ="tname"
this . DropDownList2 dataTexFeild +"tname"
this . DropDownList2 datasourec=drl;
this . DropDownList2 databind()
con.close ();
```

"选课学生总数"按钮单击事件的代码如下。

```
Protected void Button5 click (object sender, EventArgs e )
Sqlconnention con =new sqlconnecting ("select count (*) from choice where
cno='"+this.
DropDownListl. Selectedvalue+''', con)
Int n = cover .Toint 32 (com. Executescalar());
This . Lable7. Text = "所选课程的总人数为"+n"
```

通过对上述几个模块的实现，我们可以试着设计班级管理子模块和教师管理子模块。要实现这些功能，则要理清各数据表之间的关系，再通过 SQL 语句来返回正确的结果，最后利用ASP.NET 中的控件来显示。其他管理页面采用 DataGrid 控件的 DataSet 数据集返回所有学生信息，分页显示，并可以对学生信息进行添加、修改、查找或删除操作。

此页面中，"查询学生"按钮的 Click 事件把 Panel 的 Visible 属性重设为 true，用来显示输入查询条件的表格。根据提示，用户输入查询条件，"确定"按钮的 Click 事件通过生成 SQL语句来实现查询功能，查询的结果最终显示在 DataGrid 控件 Dgd_student 中，在该控件中设置

"编辑"和"删除"列，提供数据的修改、删除操作。在"显示所有信息"控件的 Click()事件中，完成 DataGrid 控件 Dgd_student 的数据绑定操作，使其显示所有学生信息。同时，容纳查询条件的 Panel 控件的 Visible 属性设为 false，因为此时系统不接受直接的查询条件，只有当触发"查询学生"按钮 Click 事件后，才能重新显示查询条件。

学生选课管理页面的后台支持类（student.aspx.cs）主要代码如下。

页面加载在事件中进行数据绑定。

```
Protected void Page_Load (object sender, EventArgs e)
{
If (! IsPostBack)
{
SqlConnection con=new SqlConnection (System.Configurgtion.
ConfigurationManager.AppSettings["dsn"].ToString())
Con.Open()
218页
mand com=new SqlCommand("select s.sno, s.sname, s, ssex, s.sbirhday, s.sscore,
c.classnama from student s left outer join class c on s.classno", con);


SqlDataAdapter sda = new SqlDateAdapter();
Sda.SelectCommand = com;
DataSet ds = new DataSet();
Sda.Fill (ds , " t1);
This.stu_dg1.DataKeyField = "sno";// 要设置此语句，才可以查找控件
this.stu_dg1.DataSource = ds.Tables ["t 1"].DefaultView;
this.stu_dg1.DataBind();
con.Close()
this.panel1.Visble = false;//要存放在PSOTBACK中，表示第一次执行有效
this.panel1.Visble = false;//
} //DataGrid中的数据要用样式表固定
}
```

"添加新生"按钮单击事件的代码如下。

```
Protected void Buttonl_Click (object sender,EventArgs e)
{
this.panel2.Visible = false;
this.pane.l1Visble = true;
}
```

"编辑"记录事件，需要重新绑定。

```
Protected void stu_dg1_EditCommand (objest source,DataGridCommand EventArgs
e)
{
this.stu_dg1.EdidtIiteml ndex = e.ltem.ltemlndex;
SqlConnectioncon=newSqlConnection
(System.Configuration.Configurgtion.ConfigurationManager.App
Setting["dsn"].ToString())
Com.Open();
SqlCommand com = new SqlCommand ("select s.sno ,s.sname ,s. ssex,
s.sbirthday ,s. sscore ,
```

```
    c.classname from student s left outer join class c on s .classno = c.classno" ,
con ) ;
    SqlData Adapter sda = new SqlData Adapter()
    Sda.Select Command = com;
    DataSet ds = new DataSet()
    Sda .Fill (ds,"t1)
    This.stu_dg1.Data Source = ds.Tables ["t1"]. Default View;
    This stu_dg1.Data Bind()
    Con.Close();
    }
```

"取消" 按钮单击事件的代码如下。

```
    Protected void stu _dg1_CancelCommand (object source ,
DataGridCommandEventArgs e)
    {
    This .stu _dg1 .EditltemIndex = - 1
    / /控件再绑定
    }
```

 实操练习

1. 设计校园网管理系统主页面并编写代码。
2. 完成管理员操作模块中的学生信息管理主页面的代码编写。
3. 完成管理员操作模块中的课程信息管理主页面的代码编写。
4. 完成管理员操作模块中的成绩信息管理主页面的代码编写。
5. 完成管理员操作模块中的学生选课管理主页面的代码编写。

任务三　其他页面的代码编写

任务说明

本任务要求读者掌握控件的使用方法，掌握数据连接的一般方法，掌握判断用户登录的一般方法，掌握 DataGrid 等数据控件的使用方法，理解 DataGrid 的作用和原理，掌握数据绑定的方法，理解事件编程的方法，掌握数据库编程在程序中的作用。

任务分析

要完成本任务，主要实现以下操作。
（1）学生操作模块中的所选课程浏览页面代码编写。
（2）学生操作模块中的成绩查询页面代码编写。

实施步骤　　　　　　　　　　　　　　　　　　▷▷▷▷▷▷▷ START

第 1 步：学生操作模块中的学生选课浏览页面代码编写。
学生在管理系统首页登录后，首先进入学生操作页面，学生可做相关的操作，如修改密码、

查看可选课程、进行选课、查询成绩等。单击"选课浏览"按钮可进入学生选课页面。

此页面会将本年度的所有选修课程显示出来，让学生浏览本学期待选课程的相应信息，可通过课程编号查询某门课程。

DataGrid 数据控件在页面初始化事件 Page_Load*()中进行绑定，内容为数据库表 course 中现存的所有选修课程。

该页面中，选课主要通过每个课程右侧的复选框来实现，复选框利用模板添加，使用DataGridItem 的 FindControl 方法得到选取课程的标记，当单击"确定选取课程"按钮时，将当前学生的信息以及选中的课程信息一并写入临时的数据表 st-course 中，为以后查询提供便利。在设计表 st-coure 时，注意字段的长度，当写入时显示异常，即（SqlException（Ox80131904）：将截断字符串或二进制数据。语句已终止）。其主要原因是字段长度不匹配。如出现常见的异常"对象名'****'无效"，很可能表名错误或者字段名错。了解这些异常可以快速地解决问题。

如果选择时发现课程太多，翻页比较麻烦，则可以利用顶部的查询功能来找到所指定的课程名称，此功能通过对 course 的查询实现，可以利用 like 关键字实现模糊查询。

学生选课页面后台支持类（ststlectcourse.aspx.cs）的主要代码如下。

在页面载入时，绑定表 course。

```
Protected void Page_Load (object sender, EventArgse)
{
If (! IsPostBack)
{
SqlConnection con = new SqlConnection
 (System.Configuration.ConfigurationManager.AppSettings["dsn"].ToString(
));
Con.Open ();
SqlCommand com = new SqlCommand ("select cno, cname, Credits from course",
con);
SqlDataAdapter sda = new SqlDataAdapter ();
DataSet ds = new DataSet ();
Sda.Fill (ds, "tl");
This.DataGridl
.DataSource = ds.Tables["tl"].DefaultView;
This.DataGridl.DataBind ();
Con.Close ();
}
}

SqlConnection con = new SqlConnection
(System.Configuration.ConfigurationManager.
AppSettings["dsn"].ToString());
Con.Open ();
SqlCommand com = new SqlCommand ("select * from student where sno='"+sno+"'",
Con);
SqlDataReader dr = com.ExecuteReader ();
dr.Read ()
this.Label1.Text = dr[1].ToString ();
this.Label2.Text = dr[0].ToString ();
this.Label3.Text = dr[2].ToString ();
```

```
    this.Label4.Text = dr[3].ToString();
    this.Label5.Text = dr[4].ToString();
    this.Label16.Text = dr[5].ToString()
    con.Close();
    SqlConnection con = new SqlConnection
(System.Configuration.ConfigurationManager.
    AppSettings["dsn"].ToString());
    Con.Open();
    SqlCommand com = new SqlCommand ("select cno, cnme, Credits from st_coure-se
where sno
    ='"+sno+"'", con1);
    SqlDataAdapter sda = new SqlDataAdapter();
    sda.SelectCommand = com1.;
    DataSet ds = new DataSet();
    sda.Fill (ds, "t1");
    this.DataGrid1.DataSource = ds.Tables["t1"].DefaultView;
    this.DataGrid1.DataBind();
    con1.Close();
```

第 2 步：学生操作模块中的成绩查询页面代码编写。

单击“成绩查询”按钮可进入学生成绩查询页面可查看所选课程的成绩。依据 choice 和 st_course 的关系使用左连接语句 LEFTOUTERJOINON 进行查询。

以下是学生所修课程浏览页面后台支持（stscore.spx.cs）的主要代码。

```
    SqlConnectiion col =new  SqlCommand
(System.Configuration .ConfigurationManager. AppSettings ["dsn"].ToSring();
    Conl.Open();
    SqlCommand coml. = new SqlCommand("sekect c . cno , cname , c.Credits, s.grade
from st_coursec left outer join choice s on c.cno=s.cn oand c.sno=s.sno where c.
sno ='"+sno+"'", con1);
    SqlDataAdapter sda = new SqlDataAdapter();
    Sda. SelectCommand = coml.;
    DataSet ds = new DataSet()'
    Dsa.Fill (ds,"t1");
    This.DataGrid11.DataSource = ds.Tables["t1"].DefaultView;
    This.DataGrid1.DataBind();
    Conl.Cose();
```

此系统完全是入门级使用，随着读者对数据库操作能力的提高，可以实现更多丰富的功能。以上给出了系统主要功能模块的界面设计及较为简单的代码分析，但某些编写实质相差不大的功能，如修改密码页面，可以总结上述功能模块自行设计，从而进一步理解 SQL 语句的作用。

实操练习

1. 完成学生操作模块中的学生选课浏览页面代码编写。
2. 完成学生操作模块中的所选课程浏览页面代码编写。
3. 完成学生操作模块中的成绩查询页面代码编写。

反侵权盗版声明

电子工业出版社依法对本作品享有专有出版权。任何未经权利人书面许可、复制、销售或通过信息网络传播本作品的行为；歪曲、篡改、剽窃本作品的行为，均违反《中华人民共和国著作权法》，其行为人应承担相应的民事责任和行政责任，构成犯罪的，将被依法追究刑事责任。

为了维护市场秩序，保护权利人的合法权益，我社将依法查处和打击侵权盗版的单位和个人。欢迎社会各界人士积极举报侵权盗版行为，本社将奖励举报有功人员，并保证举报人的信息不被泄露。

举报电话：（010）88254396；（010）88258888

传　　真：（010）88254397

E-mail：　dbqq@phei.com.cn

通信地址：北京市万寿路 173 信箱

　　　　　电子工业出版社总编办公室

邮　　编：100036